KB240768

한국의 철새

글, 사진/윤무부

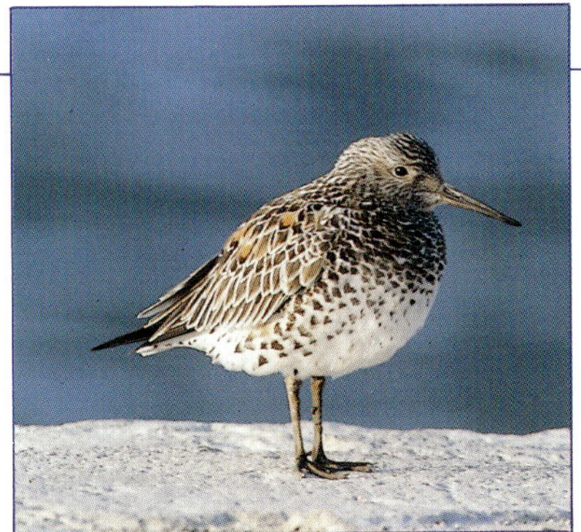

대원사

윤무부

1941년 경남 거제(장승포) 출생으로
경희대 생물학과와 동 대학원을 졸업
했다. 현재 서울시 동물자문위원과
한강보전자문위원, 문화부 문화재전
문위원이며 경희대 생물학과 교수로
있다. 저서로는 「한국의 새소리」
「한국의 조류 생태도감」「강원의
자연」(조류편) 「최신 한국조류명
집」「한국의 텃새」(대원사) 등이
있다.

한국의 철새

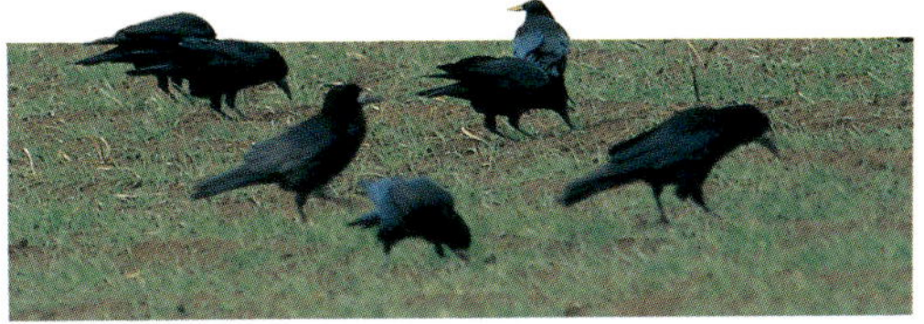

한국의 철새

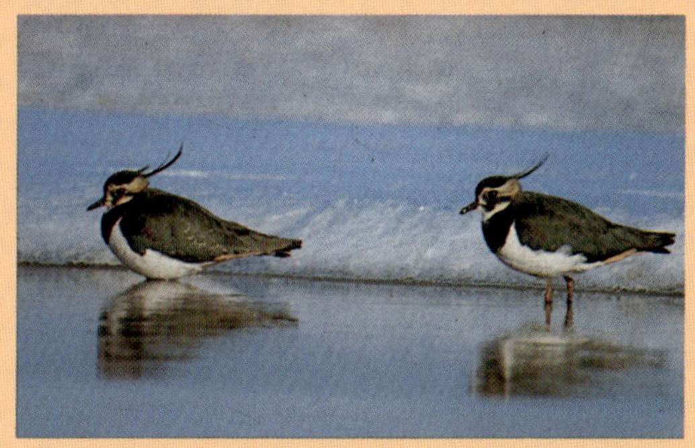

겨울철새의 낙원 경남 의창군의 주남저수지에 찾아온 가창오리무리

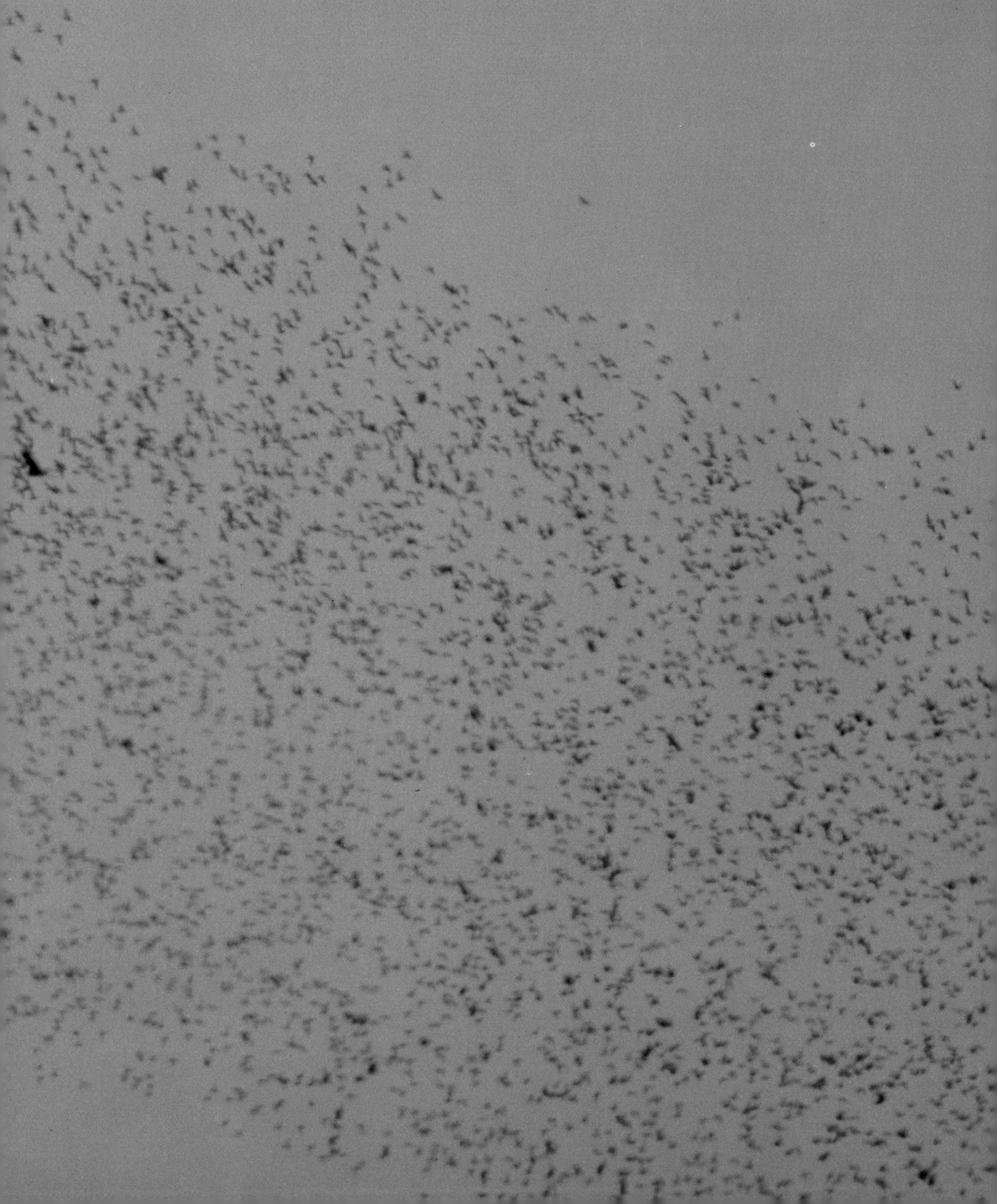

철새란

우리나라는 흥부전에 나오는 제비를 비롯하여 철새에 관한 재미있는 이야기들이 많이 전해 오고 있다.

또 여름 동안 있던 제비들은 음력 9월 9일을 전후하여 깊은 산 고목나무로 들어가고, 대신 고목나무 속에 있던 겨울철새인 콩새와 교대하여 나온다는 옛 이야기도 있다.

어떤 지방에서는 제비가 추운 겨울 동안에는 제비와 같은 가느다란 몸매로는 살아남지 못하기 때문에 살이 찌고 통통한 콩새로 변하여 추운 겨울을 이겨 나갈 수 있다 한다.

이러한 이야기들은 철새의 이동 경로에 대한 학설을 뒷받침해 주는 예이다. 곧 여름에 살던 모든 들새들은 따뜻한 강남 지방에서 겨울을 나고 이듬해 음력 3월 삼짇날에 다시 찾아온다는 뜻이다.

따라서 철새란 주변 환경에 따라 나라와 나라 사이를, 번식지와 겨울을 지내는 월동지를 찾아다니는 조류를 말한다.

철새들은 주로 북녘 땅 북만주나 소련 등지에서 매년 4월 말에서 7월 초까지 번식하고 가을인 9월과 10월을 전후하여 우리나라를 찾아오거나 우리나라보다 더 남쪽인 강남 지방을 찾아가서 겨울을

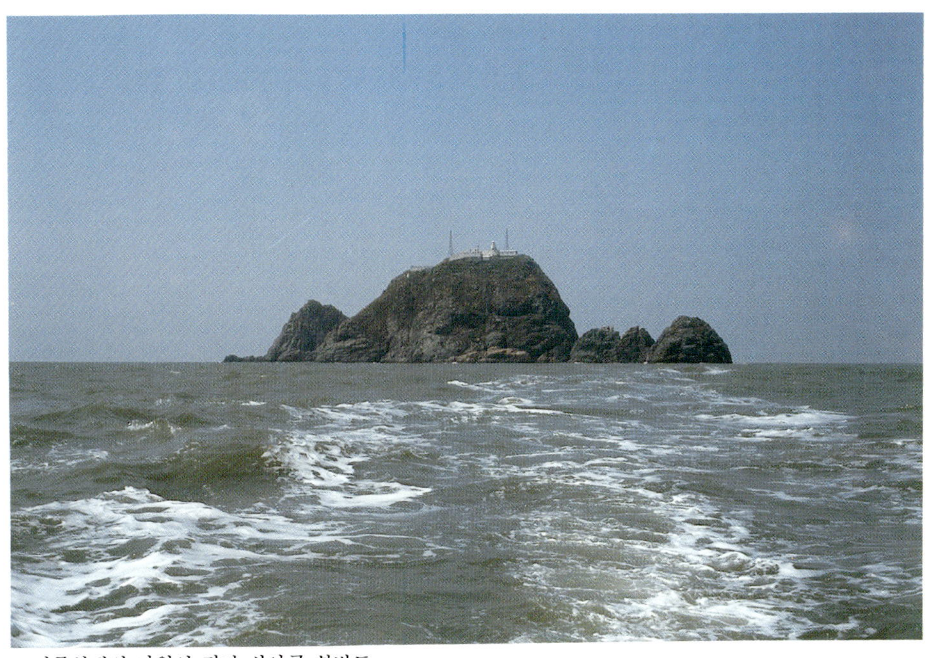

여름철새의 낙원인 전남 신안군 칠발도

나는 나그네새, 또 우리나라에서 겨울을 나는 겨울철새가 있다.

그 예로 여름철새에는 제비, 꾀꼬리, 백로, 뻐꾸기 등이 있으며 이 철새들은 매년 4월부터 5월 말이면 강남 지방인 대만, 태국, 필리핀, 미얀마(버마), 인도네시아 등지에서 겨울을 나고 먼 바다를 건너 우리나라에 찾아온다.

지금까지 우리나라에서 기록된 조류 390여 종(아종 포함) 가운데서 텃새는 총 57여 종밖에 안 되고, 철새가 총 340여 종으로 우리나라 조류의 대부분을 차지하고 있다.

그러나 철새들 가운데서도 매우 보기 드문 길 잃은 철새(미조)가 있는데, 이들은 이동중이거나 일기에 의해 다른 나라에서 살던 새들이 간혹 우리나라에 찾아오는 새들을 말한다.

최근 우리나라에도 많은 조류를 연구하는 아마추어 학자나 조류학자들의 연구로 인해서 철새들의 이동 경로, 겨울을 나는 강남지방, 겨울철새나 나그네새 들이 사는 곳 등이 밝혀지고 있다.

그러나 우리 주변에는 곤충을 주식으로 하던 철새인 물레새, 흰눈썹황금새, 벙어리뻐꾸기, 뜸부기 등 산림의 조류들은 점점 사라지고 있으며 매년 종류와 개체 수도 점점 줄고 있다.

또 겨울철새와 나그네새 들의 철새 도래지가 인구 팽창, 각종 개발, 공업화, 공해, 농약 등으로 인하여 매년 찾아오는 철새들도 놀랄 만큼 줄어들고 있다.

앞으로 7년 내지 10년 정도에 걸쳐 우리 주변의 환경 파괴와 공해가 점점 가속화된다면 할미새류, 물총새 무리, 물떼새, 도요새 등의 물새류가 가장 먼저 사라지게 될 것이다. 다음으로 인가나 야산, 산림, 해안가, 갯벌 등이 점점 파괴되어 결국 철새를 비롯한 모든 야생의 조류들은 사라지거나 죽을 것이다.

예부터 공해에 가장 민감한 자연계의 동물인 조류가 살아야만이 인간도 살 수 있다. 지구상에서 가장 아름다운 깃털, 고운 목소리, 자유로이 날아다니는 철새들은 우리 인간에게 정서적인 안정을 주는 조류로서 보호 대책이 시급하다.
독도, 제주도 부근의 추자도, 우리나라 최단 남서해안의 소흑산도 부근의 구콜도, 전남 신안군의 칠발도 등 대부분 무인도에서만 산다. 조류가 살 수 있는 산림 등을 조성해야 할 것이다.

철새의 이동

철새들은 계절에 따라 이동하는데 그 이유는 이동하지 않으면 그들은 생명을 잃게 되기 때문이다. 곧 여름철새인 작은 조류들은 겨울 동안 지낼 수 있는 두터운 깃털이 없어 추위에 견딜 수 없고, 항상 20도에서 30도를 유지해야 살아갈 수 있다.

여름철새들은 대부분 낮이 긴 여름 동안 단백질이 많은 곤충을 먹고 산다. 따라서 가을이 되면 먹이, 기후, 온도, 번식 본능 등과 고향을 찾는 버릇 때문에 이동을 한다.

겨울철새나 나그네새는 북쪽의 북만주, 소련 등지에서 15도에서 20도 안팎을 유지해야만 사는 새들인데 영하로 떨어지면 가을에 우리나라를 찾아오게 된다. 또 우리나라에서 겨울을 지낼 수 없는 나그네새들은 더 남쪽으로 내려간다.

우리나라의 철새들에 관한 연구는 1960년 이후 많은 학자들의 연구에 의해 야생의 조류들을 생포하거나 어린 새끼들을 잡아 다리에 주소가 있는 알미늄 가락지를 끼워 날려 보내 새들의 수명, 이동 경로 등을 조사하였다.

이러한 연구는 수십 년 동안 계속함으로써 철새들의 월동지와 번식지, 이동 경로가 서서히 밝혀진다. 그 조사 결과 우리나라에서 여름을 보내던 제비는 거의 강남인 태국에서, 백로와 물총새, 때까치 등은 필리핀에서 겨울을 지내는 것이 확인되었다.

그 밖에 나그네새인 멧새류의 일종인 작은 꼬까참새는 봄 가을에 우리나라를 통과하지만 동남 아시아의 버마에서 1, 2월을 지낸다는 것이 확인되었다.

우리나라의 철새는 약 300여 종이 있는데 이 책에서는 대표적인 조류만 실었다.

여름철새의 종류

바다의 여름철새

바다의 여름철새로는 슴새와 바다제비 등이 있는데 이들은 매년 같은 장소의 육지에서 멀리 떨어진 외딴 섬에 찾아와 번식한다.

이 조류들은 분류상 하등 조류들이기 때문에 육지나 해변가에서 살아나기 힘든 몸의 구조를 지닌 새들이다. 또한 천적, 먹이, 번식 등의 문제로 외딴 섬이 아니면 살아나기 힘들기 때문에 매년 동해의 독도, 제주도 부근의 추자도, 우리나라 최단 남서해안의 소흑산도 부근의 구굴도, 전남 신안군의 칠발도 등 무인도에서만 산다.

여름에 여객선을 타고 울릉도를 가는 도중 망망대해에서 흰갈매기와 같은 긴 날개의 새가 수면 위를 날고 있거나, 여객선 뒤를 계속해서 따라오는 것을 볼 수 있는데 바로 이 새가 슴새이다. 또 목포와 제주도 중간에서 몇 마리 또는 수백 마리를 볼 수 있고, 목포에서 홍도를 가는 넓은 바다에서도 큰 무리를 볼 수 있다.

바다제비라는 새도 슴새와 같이 외딴 바다에서 한두 마리가 수면을 날아다니는 것을 볼 수 있다. 이 새는 슴새와는 달리 무리를 짓지 않기 때문에 전문가를 제외하고는 눈에 잘 띄지 않는다. 또 이 새는 외딴 섬과 사람이 살지 않는 작은 무인도에서만 번식하기 때문에 조류 학자의 안내를 받지 않으면 관찰하기 어려운 새이다. 특히 여름의 긴 낮 동안은 멀고 넓은 바다에서 지내고 밤늦게 보금자리가 있는 무인도나 등대가 있는 작은 섬으로 돌아오기 때문에 조류 전문가들 이외에는 잘 알려지지 않은 새이다.

우리나라에서 가장 많은 수의 슴새가 번식하는 곳으로는 목포에서 제주도 중간쯤에 있는 추자도 부근의 섬 길이가 70미터도 채 안 되는 무인도인 사수도라는 섬이다. 이 섬은 상록수림이 우거져 있어서 매년 7월 초부터 9월 초까지 200 내지 300마리가 찾아와서 땅굴을 파고 한 개의 알을 낳는다. 정부에서는 이곳을 천연기념물 제333호로 지정, 보호하고 있다.

바다제비가 가장 많이 번식하는 섬으로는 목포와 홍도 중간 지점인 도초와 비금도에서 배를 타고 서쪽으로 약 1 내지 2시간 항해 거리에 있는 칠발도라는 섬이다. 칠발도에는 7월, 8월에 수십만 마리의 바다제비가 경사진 풀뿌리 밑, 돌담 속, 바위 구멍 속에 1개의 알을 낳아 번식한다. 정부에서는 이곳을 해조류 번식지로 천연기념물 제332호로 지정, 보호하고 있다.

그 밖에 전남 신안군 소흑산도 부근의 구굴도라는 작은 섬에 수천 마리, 독도에 수백여 마리가 살고 있다.

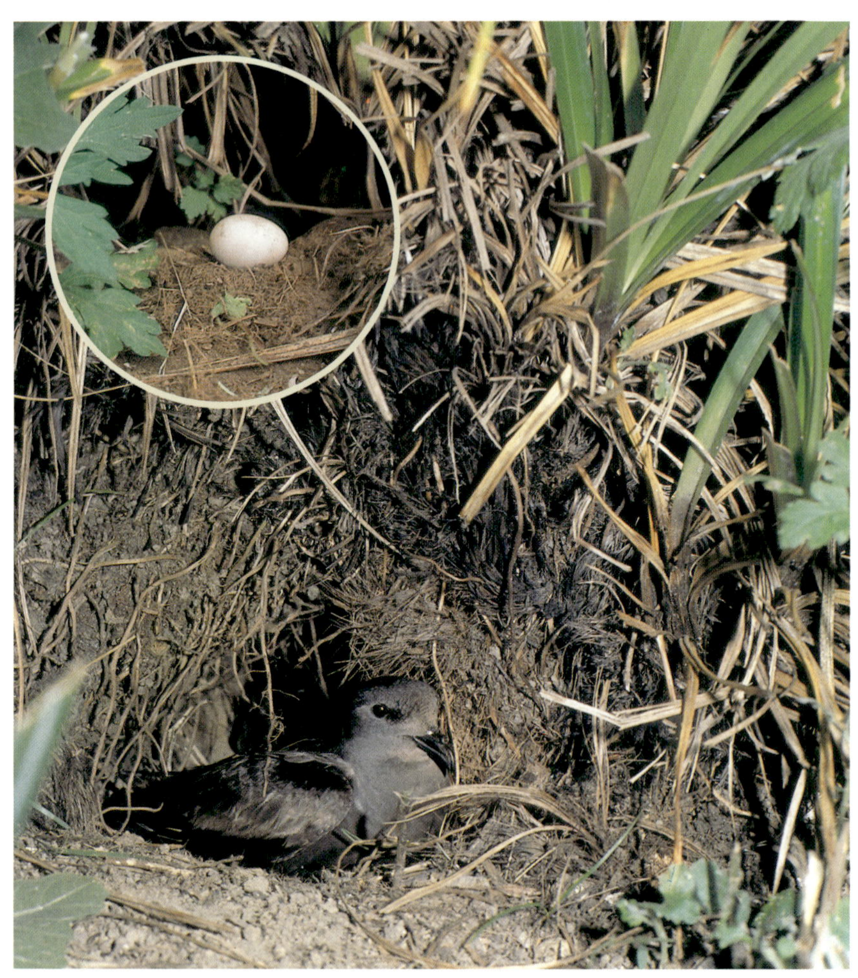

14 여름철새의 종류

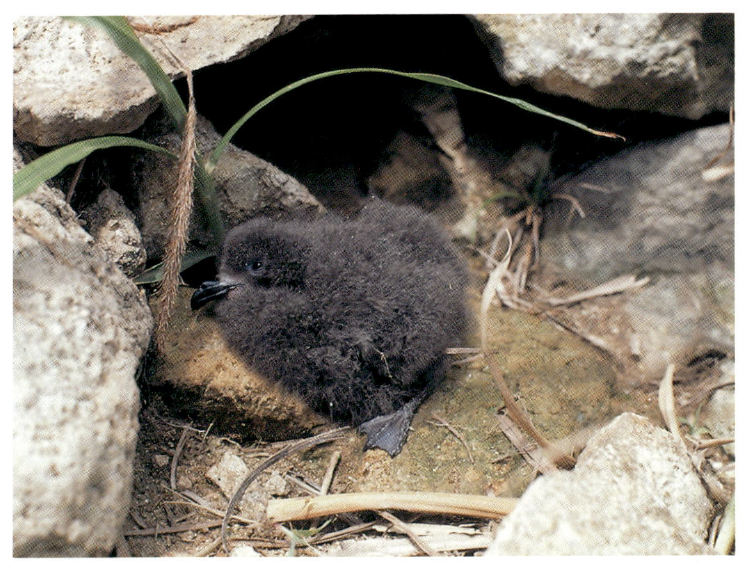

바다제비 （영명） Swinhoe's Storm Petrel
（학명） *Oceanodroma monrhis* （SWINHOE）

바다제비과에 속하는 유일한 종이며 우리나라는 동해, 남해, 서해 등 외딴 섬에만
사는 여름철새이다. 그 모습이 제비와 비슷하게 생겼다고 하여 바다제비로 이름지어
진 새이다.

몸 길이는 약 19센티미터이며 부리는 검고 끝이 꼬부라져 있고 코는 위쪽에 원통으
로 되어 있다. 날개와 몸매, 꼬리 날개는 거의 검은 깃털이나 꼬리와 몸의 중간은
흰 깃털을 가지고 있다.

우리나라에는 4월 말에서 5월에 찾아오며 주로 동해의 독도, 전남 신안군의 소흑산
도, 칠발도 등의 먼 바다의 수면 낮게 한 마리씩 날아다니는 것을 볼 수 있다.

번식기에는 외딴 섬의 경사진 곳에 사초과 뿌리 밑에 굴을 파거나 바위 틈에 알을
낳아 번식한다. 번식은 8월이 최적기이며 알은 1개를 낳는다.

포란과 육추(育雛;알에서 깐 새끼를 키움)는 암수 교대로 하며 주로 밤 9시를 전후하
여 보금자리로 찾아온다. 교대한 어미들은 날이 밝기 전 또 먼 바다로 나간다.

우리나라에서 쉽게 볼 수 있는 곳으로는 동해의 독도와 전남 신안군 비금면 칠발도의
외딴 섬과 소흑산도 부근의 작은 무인도인 구쿨도 등인데 매년 6월부터 9월 초까지
수십만 마리의 바다제비가 번식하고 있다.

또한 이상의 번식지인 섬들을 천연기념물로 지정 보호하고 있다.

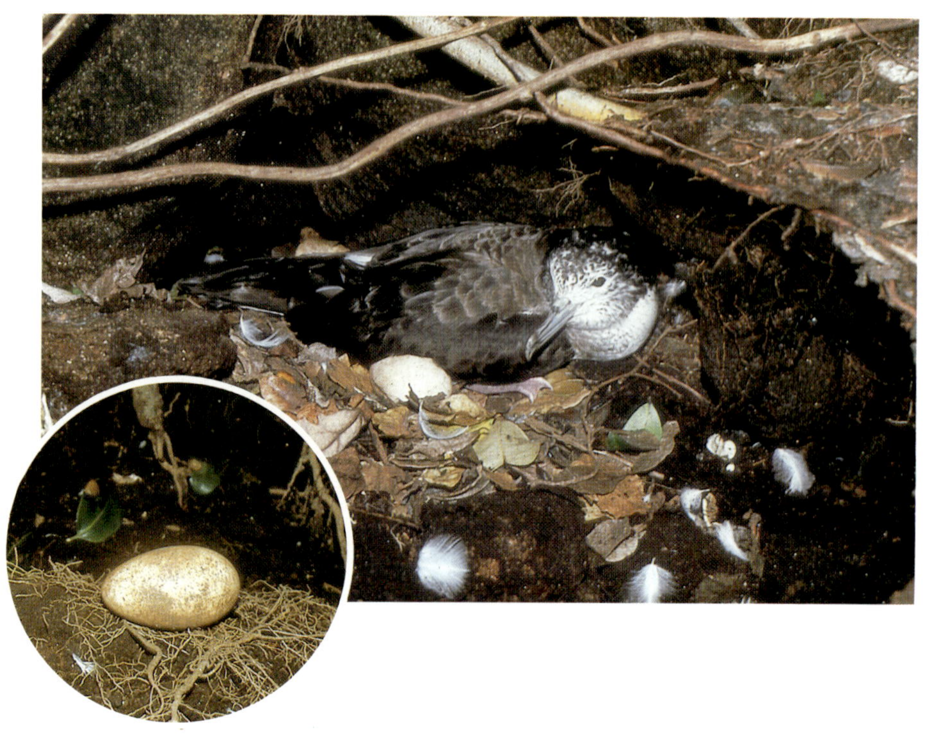

습새　（영명）Streaked Shearwater　（학명）*Calonectris leucomelas*　（TEMMINCK）
  습새과에 속하는 종으로 우리나라에서 여름을 지내고 늦가을에 강남 지방으로 가는
여름철새이다.
  몸 길이는 약 48센티미터이며 암수의 깃털은 동일하다. 머리는 흑갈색이고 각 깃의
끝은 흰색이며 턱밑도 흰색이다. 등과 허리는 어두운 갈색이고, 가슴과 배는 흰색이
다. 구부러진 부리와 다리는 살색이다.
  주로 남해안의 가장 외딴 섬이나 울릉도의 댓섬 등 무인도에서 살며 번식기 중 포란
기간을 제외하고는 하루 종일 바다에서 생활한다. 도서에서는 집단으로 번식하며
땅 속에 터널 모양의 구멍을 파서 1개의 알을 낳고 해마다 같은 구멍을 이용한다.
먹이로는 어류, 해조 등을 즐겨 먹는다.
  우리나라에서는 6월부터 8월까지 울릉도 근해, 추자도와 소흑산도 등지에서 번식하
고 그 부근의 먼 바다에서만 볼 수 있다.

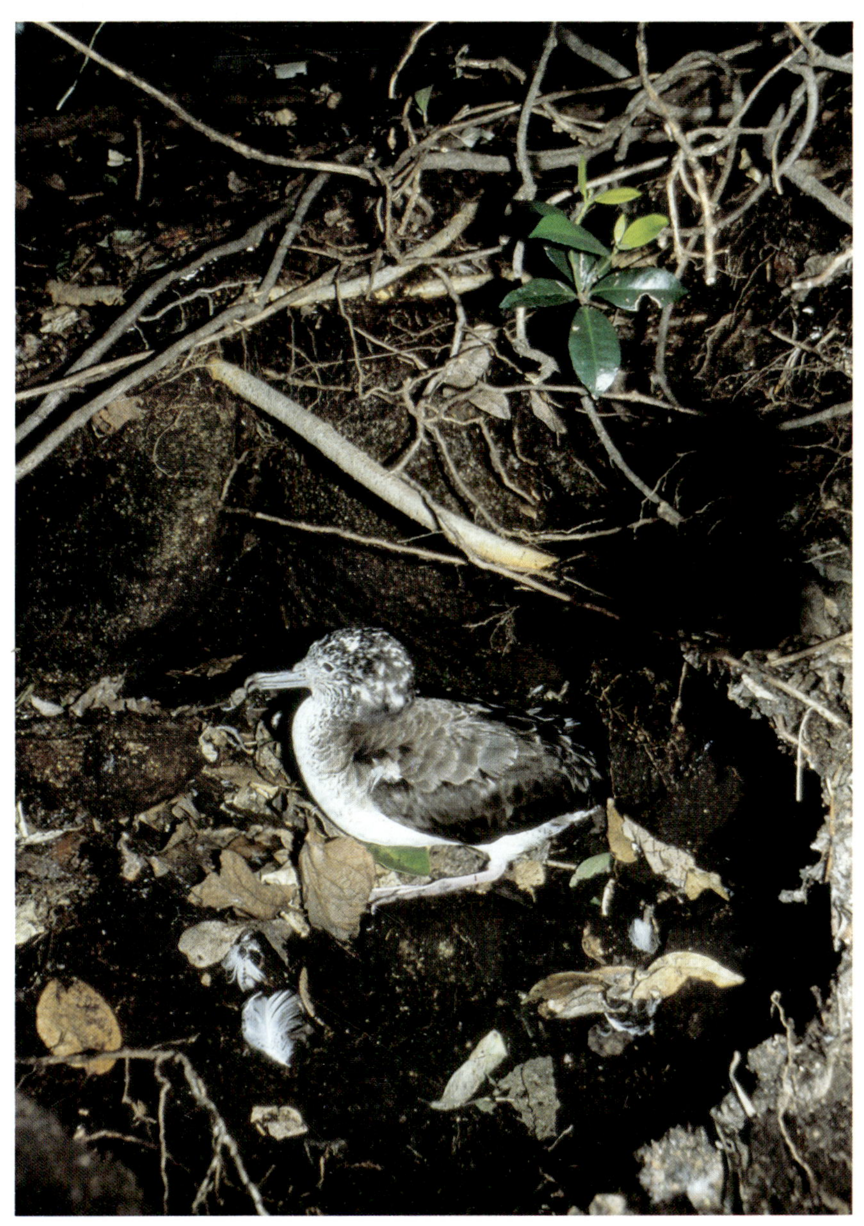

인가 및 야산, 습지, 경작지의 여름철새

우리나라에 찾아오는 여름철새의 대부분은 사람이 사는 야산이나 호수가, 저수지, 개울가, 강가 등 넓은 평지의 물가와 논밭 등이나 낮은 숲이 있는 환경에 찾아온다.

대표적인 새들은 제비, 귀제비, 알락할미새, 노랑할미새, 노랑때까치, 검은딱새, 뻐꾸기, 고니 등이며, 이러한 조류들은 4월 초부터 찾아오기 시작한다. 5월 초부터 시작하여 8월 말이면 번식을 끝내고 곧 어린 새끼들을 데리고 10월을 전후하여 강남으로 떠난다.

인가에서 가장 많이 볼 수 있는 조류는 제비이며 야산에는 검은딱새, 붉은뺨멧새, 뻐꾸기, 논밭 주변에는 노랑할미새, 알락할미새, 습지에는 꼬마물떼새, 쇠물닭, 깝작도요, 중대백로, 중백로, 쇠백로, 황로, 물총새, 개개비 등이다.

이러한 환경에 찾아오는 조류들은 대부분 아름다운 목소리와 아름다운 깃털을 가지고 있고 습지새 몇 종을 제외하고는 인가나 논밭, 산림에 해로운 곤충을 잡아먹기 때문에 우리 인간에게 이로운 조류들이다.

그러나 물가에 사는 철새들이 제일 먼저 점점 우리 주변에서 사라지고 있다. 그 예로 시골 마을의 넓은 논에 많았던 뜸부기가 어느새 보이지 않으며, 또 도시 공원의 고목나무에 많던 북방쇠찌르레기도 매우 드물게 보인다. 그 같은 현상은 논밭 근처와 야산에서도 마찬가지이다.

우리 주변의 아름다운 여름철새를 보호하는 방법은 조류들이 살 수 있는 신선한 환경 곧 깨끗한 물, 풍부한 먹이, 번식하고 휴식할 수 있는 산림, 잠잘 수 있는 조용한 환경 등을 조성하여야 할 것이다.

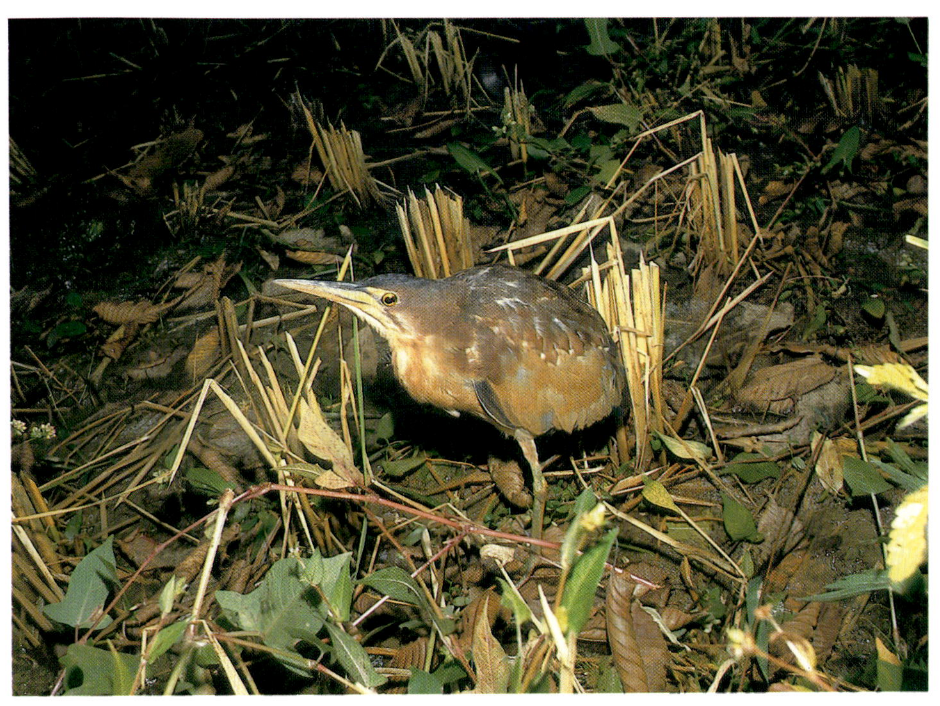

덤불해오라기 (영명) Chinese Little Bittern
(학명) *Ixobrychus sinensis sinensis* (GMELIN)

백로과에 속하는 가장 작은 종으로 우리나라에는 5월 하순부터 찾아오기 시작하여
10월이면 강남 지방으로 떠나는 여름철새이다.
몸 길이는 약 36.5센티미터이며 암수의 깃털은 거의 동일하다. 그러나 크기에 있어서
암컷이 수컷에 비해 약간 작고, 가슴에 노란 줄과 등에 검은 띠가 있어서 쉽게 구별할
수 있다. 머리 꼭대기는 진한 밤색이며 턱밑부터 배까지는 흐린 황갈색이다. 등은
갈색, 진한 갈색, 황색을 띤다. 다리는 청록색이며 부리는 진한 노랑색을 띠고 있다.
호수가의 풀밭, 강가의 갈대밭, 평지의 개울 근처에서 주로 산다. 둥우리는 물가의
갈대나 풀숲의 줄기 사이에다 짓고 5, 6개의 알을 낳는다. 먹이로는 곤충류, 작은
물고기를 즐겨 먹는다.
우리나라에서는 내륙 지방의 전역, 평야의 개울가, 저수지, 호수의 갈대밭에서 볼
수 있다.

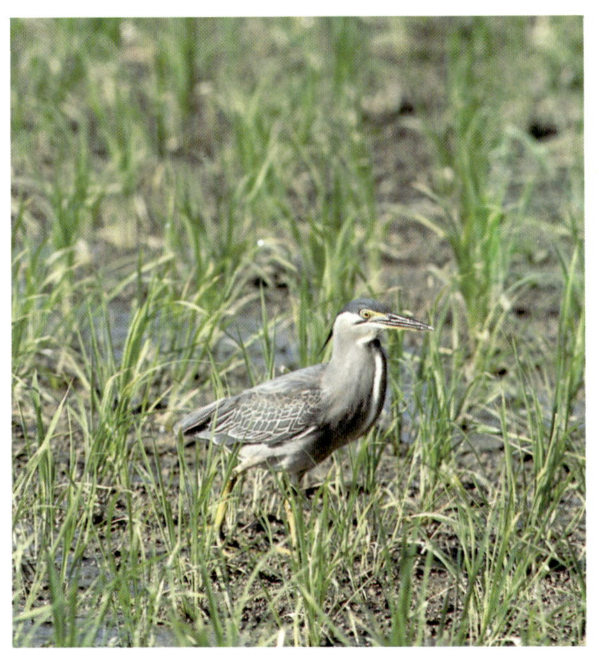

검은댕기해오라기 (영명) Green-backed Heron
(학명) *Butorides striatus amurensis* (SCHRENCK)
백로과에 속하는 작은 종으로 우리나라에는 5월 중순부터 찾아오기 시작하여 10월 말이면 강남 지방으로 가는 흔한 여름철새이다.
몸 길이는 약 52센티미터이며 몸 전체의 깃은 회색을 띠고 있다. 부리는 검은색, 다리는 노랑색, 머리 꼭대기에는 검은색의 댕기가 있다.
주로 논, 개울가, 야산을 낀 못, 계류 등에서 산다. 둥우리는 소나무나 그 밖의 잡목과 교목의 가지 위에다 짓고 3 내지 6개의 알을 낳는다. 먹이로는 작은 물고기, 개구리, 갑각류 등을 즐겨 먹는다.
우리나라 전역의 인가 부근, 호수, 저수지, 개울, 강, 계곡 등에서 볼 수 있다.

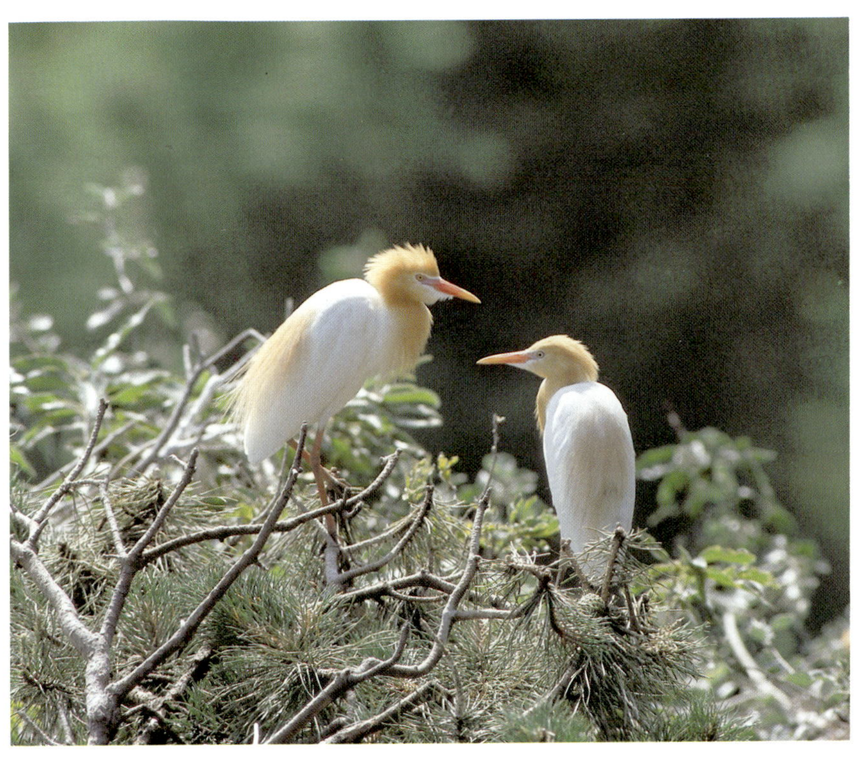

황로 (영명) Cattle Egret (학명) *Bubulcus ibis coromandus* (BODDAERT)

　백로과에 속하는 작은 종으로 우리나라에는 4월 중순에 찾아와서 번식을 마치고, 10월 중순에 강남 지방으로 가는 여름철새이다.
　몸 길이는 약 50.5센티미터 정도이다. 머리, 가슴, 배 등이 흐린 밤색과 노랑색을 띠고 있기 때문에 쉽게 구별할 수 있다. 부리는 황색이며 다리는 어두운 갈색과 검은 색을 띤다.
　주로 강가, 저수지, 강 하구, 논 근처의 습지, 논과 밭 등에서 생활한다. 중대백로, 중백로, 쇠백로 등의 무리에 섞여 있으며 이들과 혼성 번식을 하고 있다. 둥우리는 소나무, 참나무, 팽나무의 가지 위에다 짓고 3, 4개의 알을 낳는다. 먹이로는 곤충류, 개구리를 즐겨 먹는다.
　우리나라에서는 5월 중순을 전후하여 충남 유성 근처의 감성리, 강원도 횡성군 압곡리, 경기도 김포군 월곶리(유도) 등에서 매년 50여 쌍이 번식하는 것을 볼 수 있다.

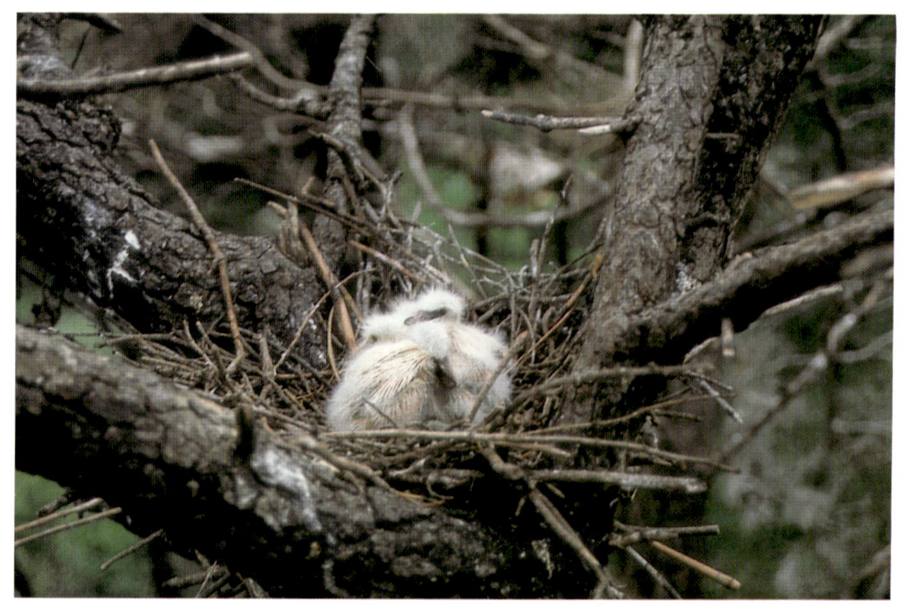

쇠백로 （영명） Little Egret　（학명） *Egretta garzetta garzetta*　（LINNAEUS）

백로과에 속하는 가장 작은 종으로 우리나라에는 4월 중순에 찾아와서 번식을 마친 뒤에 10월 중순에 강남 지방으로 가는 여름철새이다. 그러나 적은 수가 남부 지방에서 월동을 하기도 한다.

몸 길이가 약 61센티미터로 백로 무리 가운데에서 가장 작아 쉽게 구별할 수 있다. 검은색인 부리와 다리를 제외하고는 전체적으로 흰색을 띤다. 머리 뒤에 2개의 댕기가 있으며 발가락이 노랑색이다.

강가, 저수지, 강 하구, 남해안의 얕은 바닷가 등에서 살며 중대백로, 중백로, 왜가리 등과 혼성 번식을 한다. 먹이는 어류, 개구리, 수서 동물 등이다.

우리나라에서는 1960년을 전후해서 남해안의 하동, 해남, 무안 등지에서 주로 번식했다. 그러나 최근에는 충남 유성 부근의 감성리, 강원도 횡성군 압곡리, 경기도 김포군 월곶리（유도）에서 적지 않은 수를 볼 수 있다.

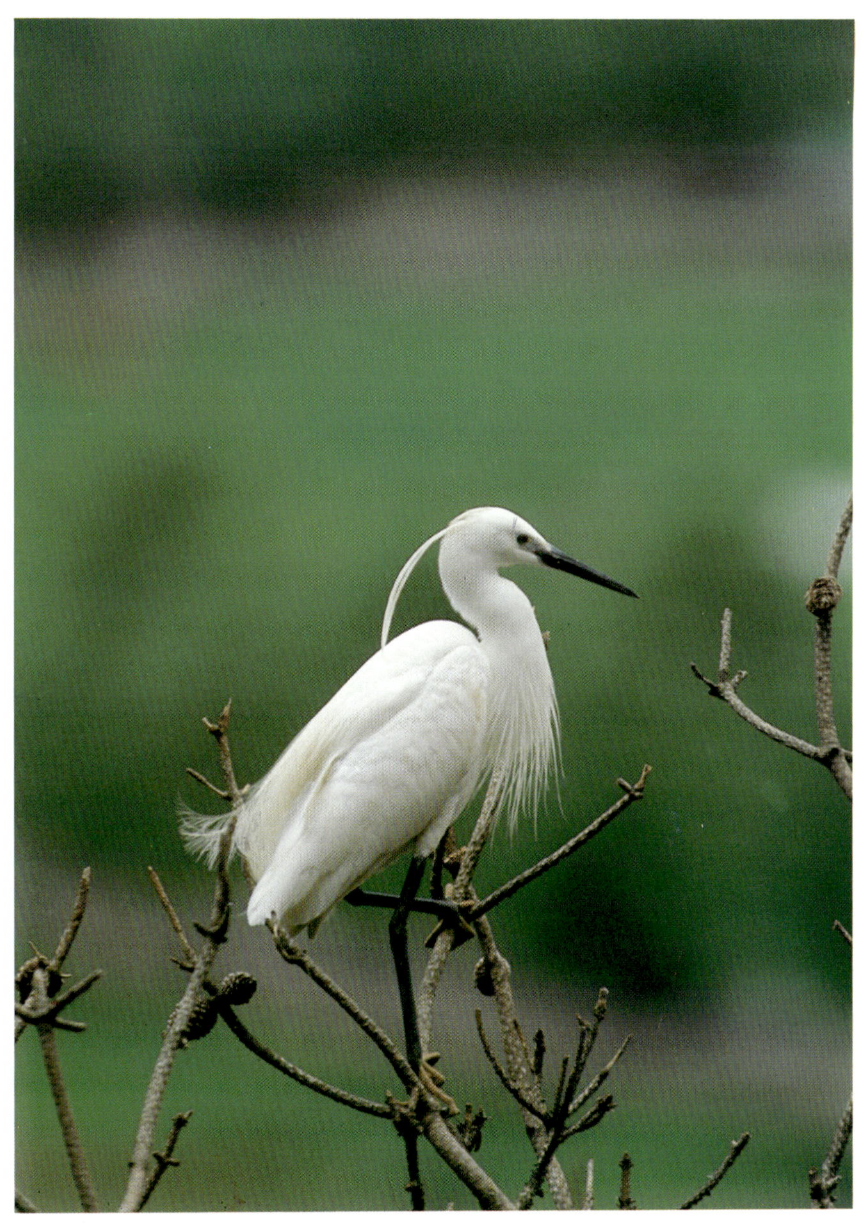

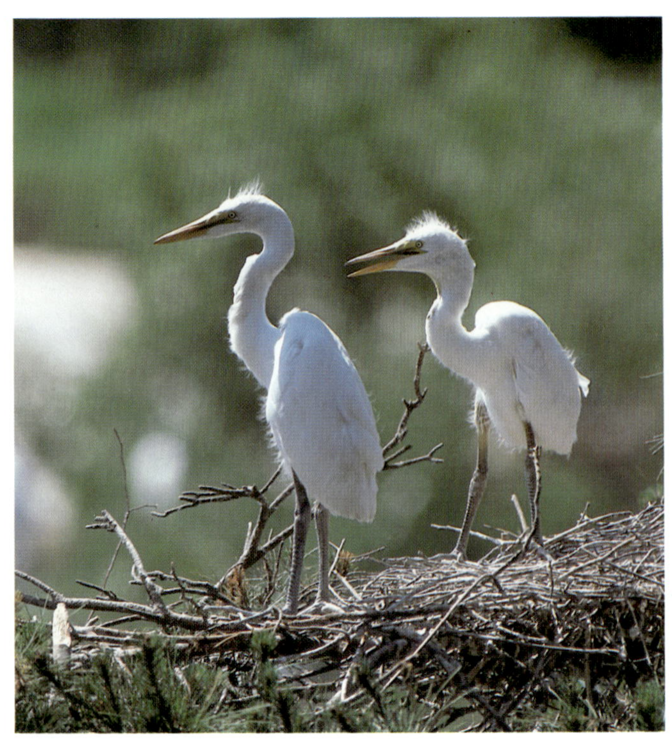

중백로　(영명) Intermediate Egret　(학명) *Egretta intermedia intermedia*　(WAGLER)
백로과에 속하는 중형의 종으로 3월 하순부터 우리나라에 찾아와서 여름을 지내고 가을에 강남 지방으로 날아가는 여름철새이다.
몸 전체의 크기가 대백로보다는 확실히 작아 쉽게 구별할 수 있으나 중대백로와는 구별하기가 어렵다. 그러나 중대백로의 경우는 부리가 검은색이며 눈과 부리 사이에 청록색이 있고 다리가 검은색과 노랑색으로 되어 있다. 반면에 중백로의 경우는 부리의 중간에서 끝부분이 검은색이고 부리 뒤쪽은 노랑색이며 다리가 검은색이므로 두 종을 구별할 수 있다.
서식 환경과 습성은 중대백로와 비슷하며 중대백로나 왜가리 등과 혼성 번식한다. 둥우리는 중대백로보다 두껍게 틀며 4개 정도의 알을 낳는다. 먹이는 어류가 대부분이다.
우리나라에서는 강원도 횡성군 압곡리, 충남 연기군 금남면, 경기도 여주군 북내면 등에서 집단 번식을 한다.

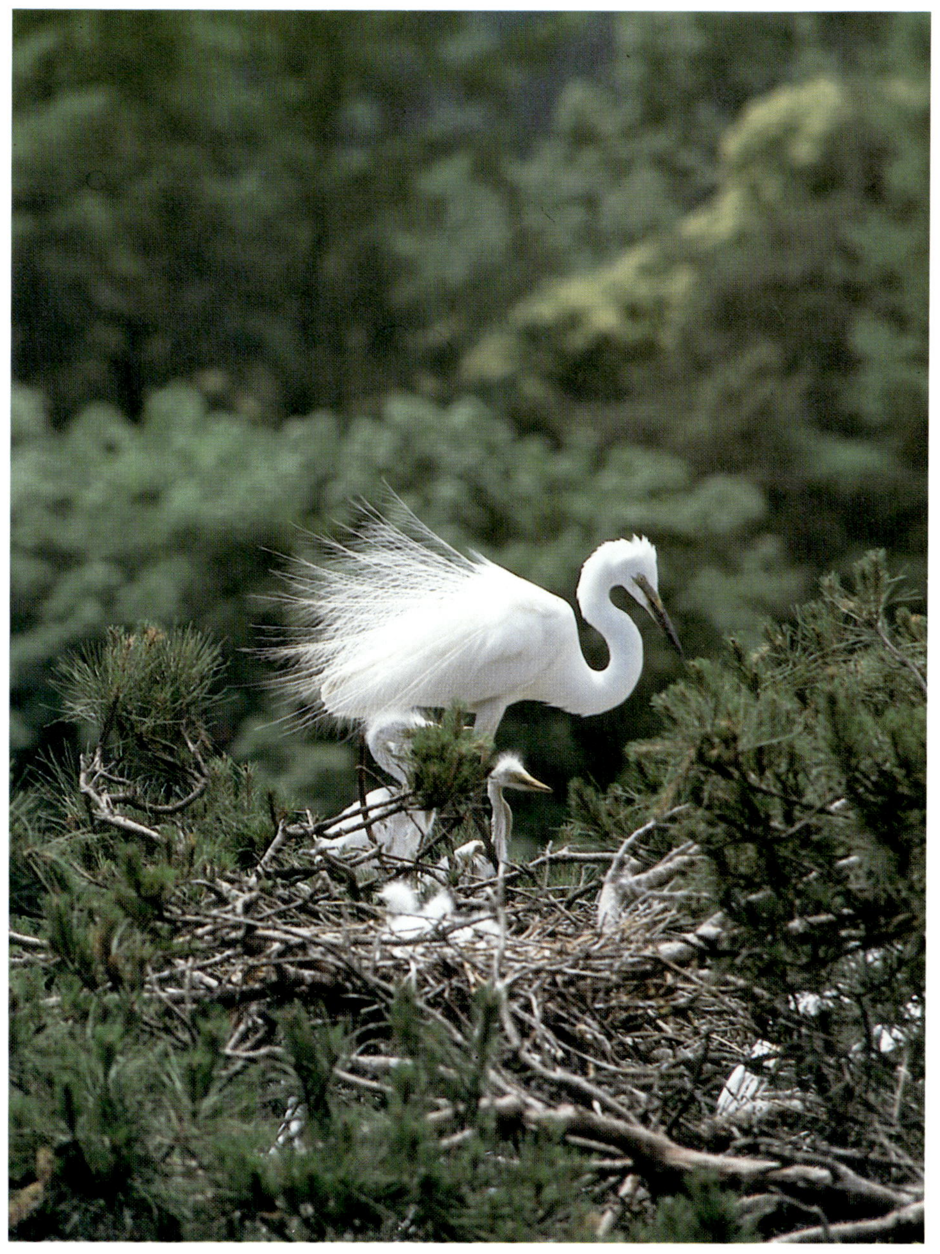

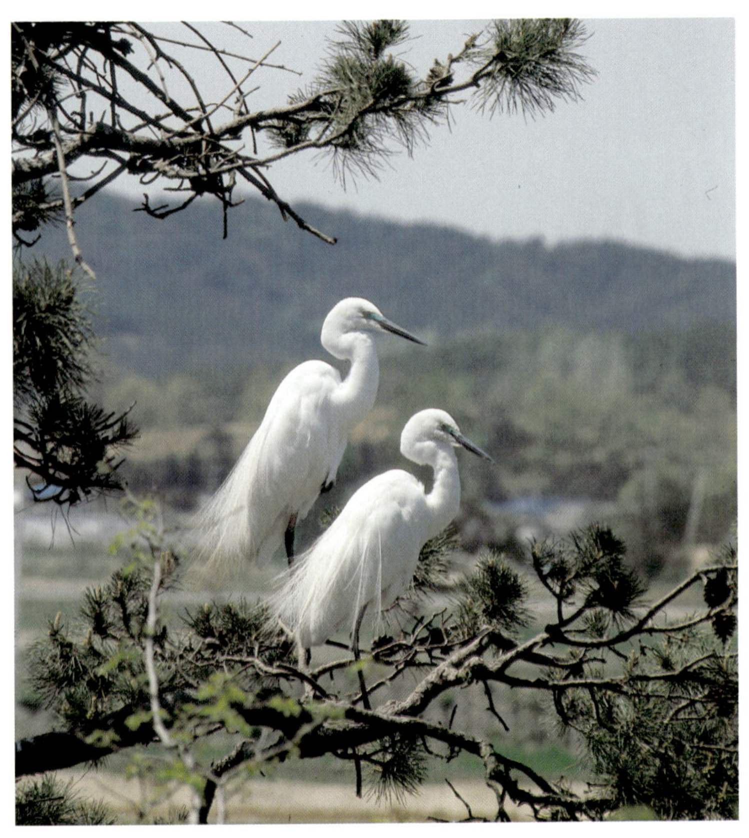

중대백로　（영명）Great Egret　（학명）*Egretta alba modesta*　（GRAY）

　백로과에 속하는 종으로 3월 하순부터 10월 하순까지 우리나라에 가장 많이 찾아오
는 여름철새이다.
　몸 길이는 약 90센티미터이며 백로 종류 가운데 가장 크며 형태는 중백로에서 설명
한 것과 같다.
　강가의 습지, 호수가, 개울가 등에서 집단을 이루어 생활한다. 둥우리는 조잡한 접시
모양으로 나뭇가지 위에다 엉성하게 틀며 3, 4개의 알을 낳는다. 먹이로는 들녘의
개울가, 논, 저수지 등에서 물고기, 개구리, 뱀 등을 먹고 산다.
　우리나라의 대표적인 번식지는 경기도 여주군 신접리, 강원도 양양군 포매리, 강원도
횡성군 압곡리, 경기도 김포군 월곶리(유도), 충남 연기군 감성리 등이다. 이곳들은
조류 관찰과 촬영의 최적 장소로 5월 하순부터 6월 중순까지 알에서부터 큰 새끼까
지 볼 수 있다.

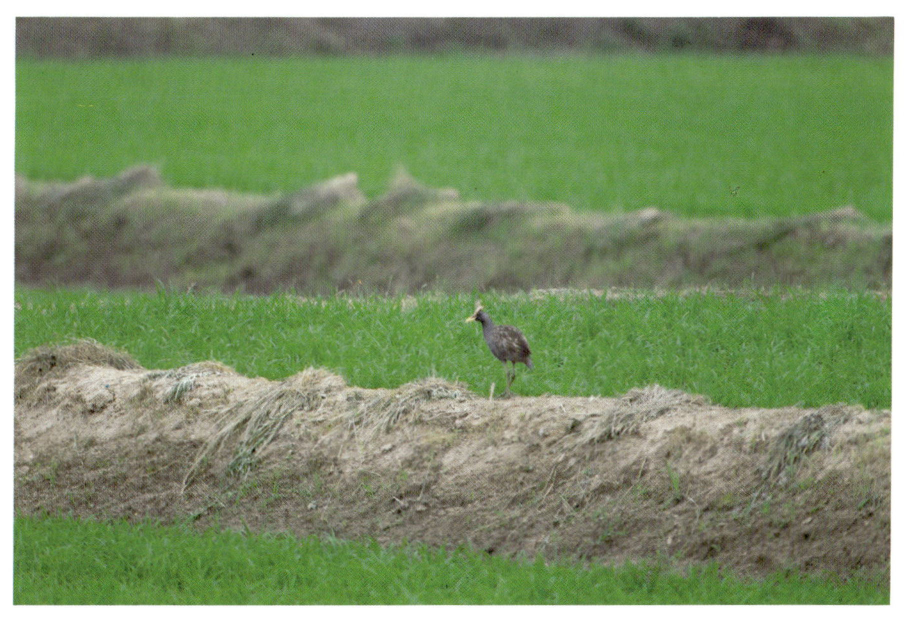

뜸부기　（영명）Watercock　（학명）*Gallicrex cinerea cinerea*　（GMELIN）

뜸부기과에 속하는 종으로 우리나라에는 6월 초순에 찾아와서 번식을 하고, 10월 중순에 강남 지방으로 가는 여름철새이다. 이 종은 여름철새 가운데에서 가장 늦게 나타난다.

몸 길이는 약 33센티미터이며 수컷은 여름에 깃의 이마에서 머리 꼭대기 사이에 붉은 벼슬이 있고 암컷은 벼슬이 없다. 그 밖의 전체 깃은 흐린 검은색이다. 수컷의 부리는 노랑색, 암컷은 황갈색이며 다리는 회색을 띠는 녹색이다.

낮에는 물가나 야산의 숲속, 논 부근의 덤불에 숨어 있다가 아침과 저녁에 논과 둑에 나와서 활동한다. 둥우리는 풀숲의 땅 위에 벼나 풀의 줄기로 짓고 3 내지 5개의 알을 낳는다. 먹이로는 곤충류, 수서 동물, 수초의 씨, 벼나 보리 등을 먹는다.

우리나라에서는 주로 평지의 논, 물가의 풀숲, 호수나 강가에서 볼 수 있으나 최근에는 매우 드물며 휴전선 부근의 논에서 적은 수를 볼 수 있다.

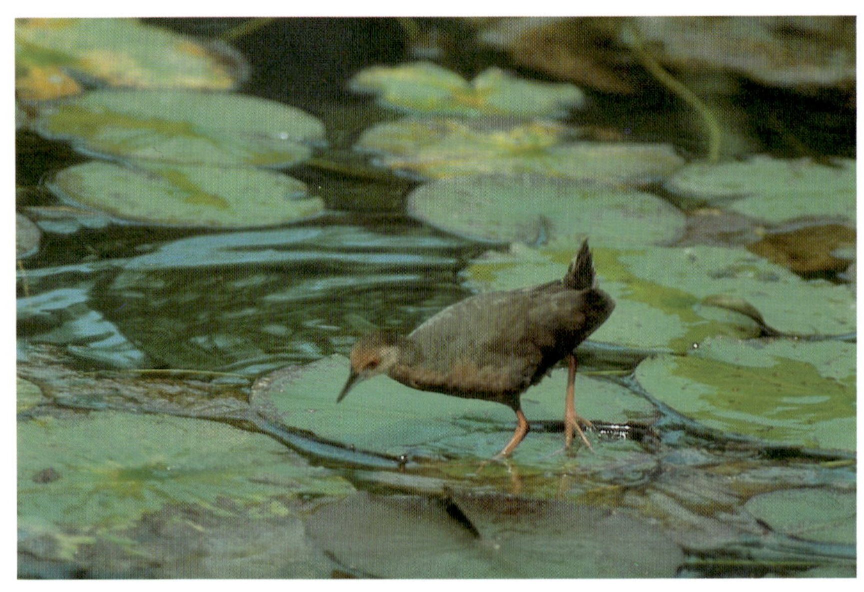

쇠뜸부기사촌　（영명）Ruddy Crake
（학명）*Porzana Fusca erythrothorax*　（TIMMINCK & SCHLEGEL）
뜸부기과에 속하는 종으로 우리나라 전역에서 흔히 번식하는 여름철새이다.
몸 길이는 약 22.5센티미터이며 이마와 머리 꼭대기는 붉은 갈색이다. 머리 옆, 귀,
눈, 빰 들의 주위는 붉은 포도주색이다. 뒷머리와 뒷목은 어두운 올리브 갈색이고,
턱밑은 흰색으로 다소 엷고 붉은 갈색을 띤다.
아랫배는 잿빛을 띤 올리브 갈색으로 흰색의 가로 띠가 있으며 부리는 녹갈색이고
홍채와 다리는 붉은색이다.
주로 논, 강가의 풀숲 등지에서 서식한다. 둥우리는 대개 풀숲의 땅 위에 짓지만 관목
의 낮은 가지 위에 짓는 경우도 있다.
먹이는 동물성으로는 곤충류, 양서류의 개구리, 연체 동물의 복족류 등이며 식물성으
로는 화본과의 종자 등이다.
우리나라 전역에서 흔히 볼 수 있다.

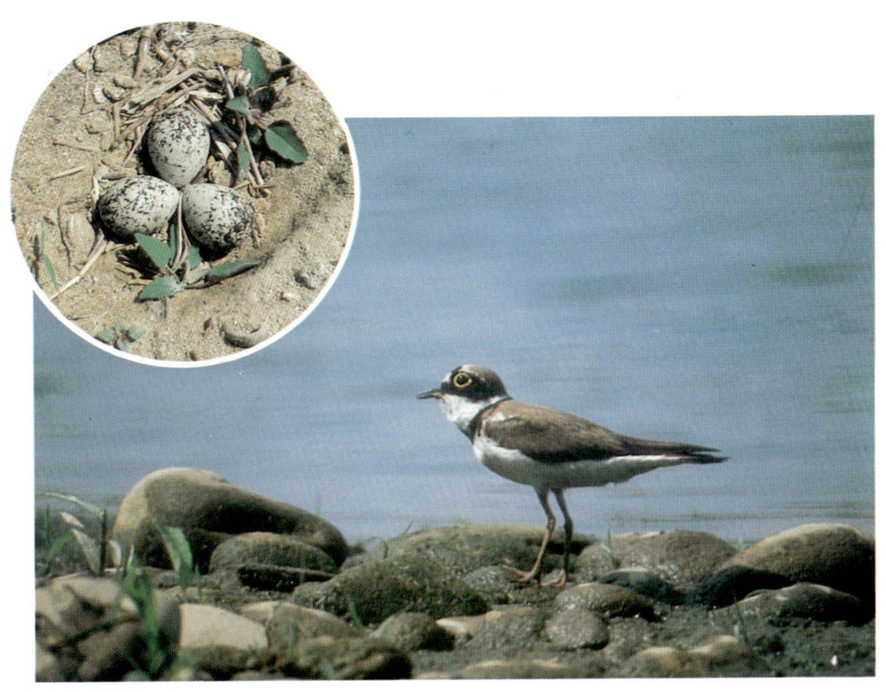

꼬마물떼새 (영명) Little Ringed Plover
(학명) *Charadrius dubius curonicus*   (GMELIN)

물떼새과에 속하는 가장 작은 종으로 우리나라에는 4월 초순에 찾아와서 번식을
마치고 10월에 강남 지방으로 가는 여름철새이다. 크기가 제일 작아 '꼬마물떼새'
라는 이름이 지어졌고, '낄룩 낄룩' 운다고 하여 '낄룩새'라는 별칭도 갖고 있다.
몸의 길이는 약 16센티미터 정도이며 몸 전체의 깃은 검은색과 흰색으로 되어 있
다. 머리는 흐린 회색이며 목과 가슴의 경계에는 검은 띠가 있다. 등은 회색이며 가슴
은 흰색이다. 부리는 검은색, 다리는 오렌지색이다. 우는 소리가 특이하여 다른 종과
쉽게 구별할 수 있다.
주로 개울, 하천가, 논, 해상의 암초에서 산다. 개울가의 자갈밭, 모래밭에다 3, 4개의
알을 낳는다. 알의 색깔이 모래의 색과 비슷하여 쉽게 발견할 수 없다. 먹이로는 곤충
류를 즐겨 먹는다.
우리나라의 모래나 자갈밭이 있는 개울가, 저수지, 호수가 등에서 볼 수 있다.

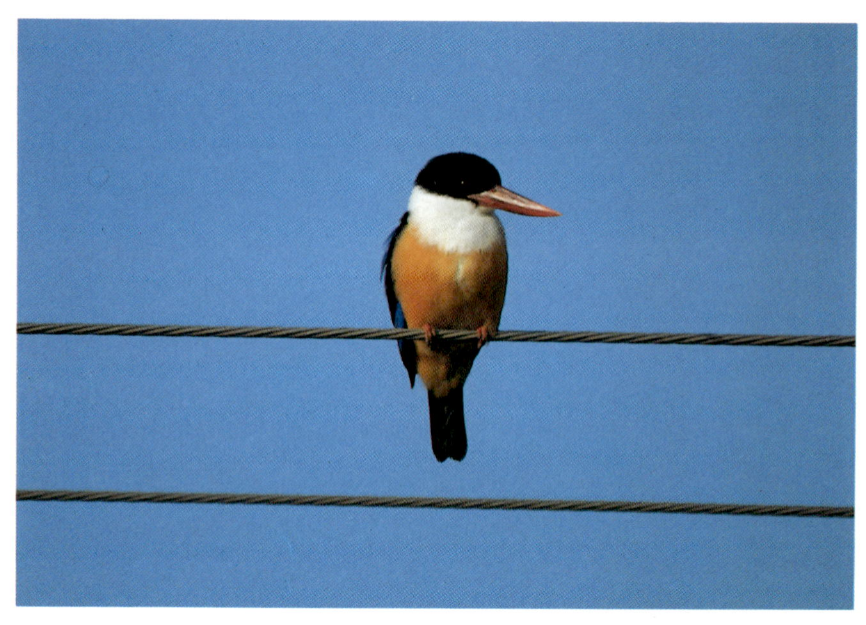

청호반새 (영명) Black-capped Kingfisher (학명) *Halcyon pileata* (BODDAERT)
  물총새과에 속하는 대형의 종으로 우리나라에는 5월 초순에 찾아와서 번식을 마치고
10월에 강남 지방으로 가는 여름철새이다. 호반새와 크기와 모양은 같으나 파란색을
띠고 있어서 '청호반새'로 불린다.
  몸 길이는 약 28센티미터이며 암수의 깃털은 거의 같다. 머리는 검은색이며 턱밑,
가슴, 목의 띠는 황갈색을 띤 흰색이다. 등, 어깨는 광택이 있는 파란색이며 배는
녹슨 황갈색이다. 길고 뾰족한 부리와 다리는 붉은색이다.
  주로 농경지 또는 구릉의 물가에서 산다. 둥우리는 야산의 경사진 면에다 수평으로
땅굴을 파서 짓고 4 내지 6개의 알을 낳는다. 먹이로는 작은 물고기, 가재, 곤충류
등을 잡아먹는다. '교로 교로' 하면서 울기 때문에 쉽게 관찰할 수 있다.
  우리나라에서는 경주, 포항 부근의 평지나 들에서 가장 많이 볼 수 있다.

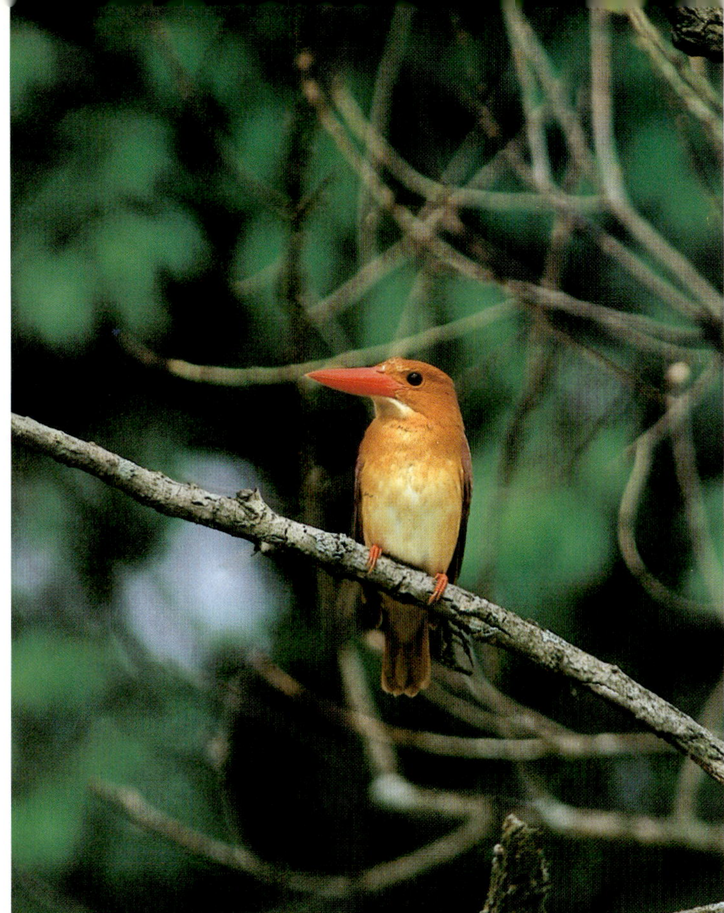

호반새 （영명） Ruddy Kingfisher
（학명） *Halcyon coromanda major* （TEMMINCK & SCHLEGEL）
물총새과에 속하는 큰 종으로 우리나라에는 5월 중순에 찾아오기 시작하여 10월에 강남 지방으로 가는 여름철새이다. 우는 소리가 '쪼로록 쪼로록' 하면서 비 오는 소리와 비슷하여 일명 '비새'라고도 불린다.
몸 길이는 약 27.5센티미터이며 몸체는 둥근 원형이다. 암수의 깃털은 거의 같으며 전체적으로 붉은색이다. 머리부터 꼬리까지는 붉은 살색이며 턱밑은 흐린 황색을 띠는 흰색이다. 가슴과 배는 흐린 황색이며 배 중앙의 색은 더욱 흐리다. 물총새보다 부리가 굵고 다리는 붉은색이다.
주로 산간 계곡, 호수가, 활엽수림이 우거진 숲에서 살며 고목나무의 구멍에다 5, 6개의 알을 낳는다. 먹이로는 개구리, 가재, 곤충류를 즐겨 먹는다.
우리나라에서는 개울이나 호수 근처에 있는 숲속에서 볼 수 있다.

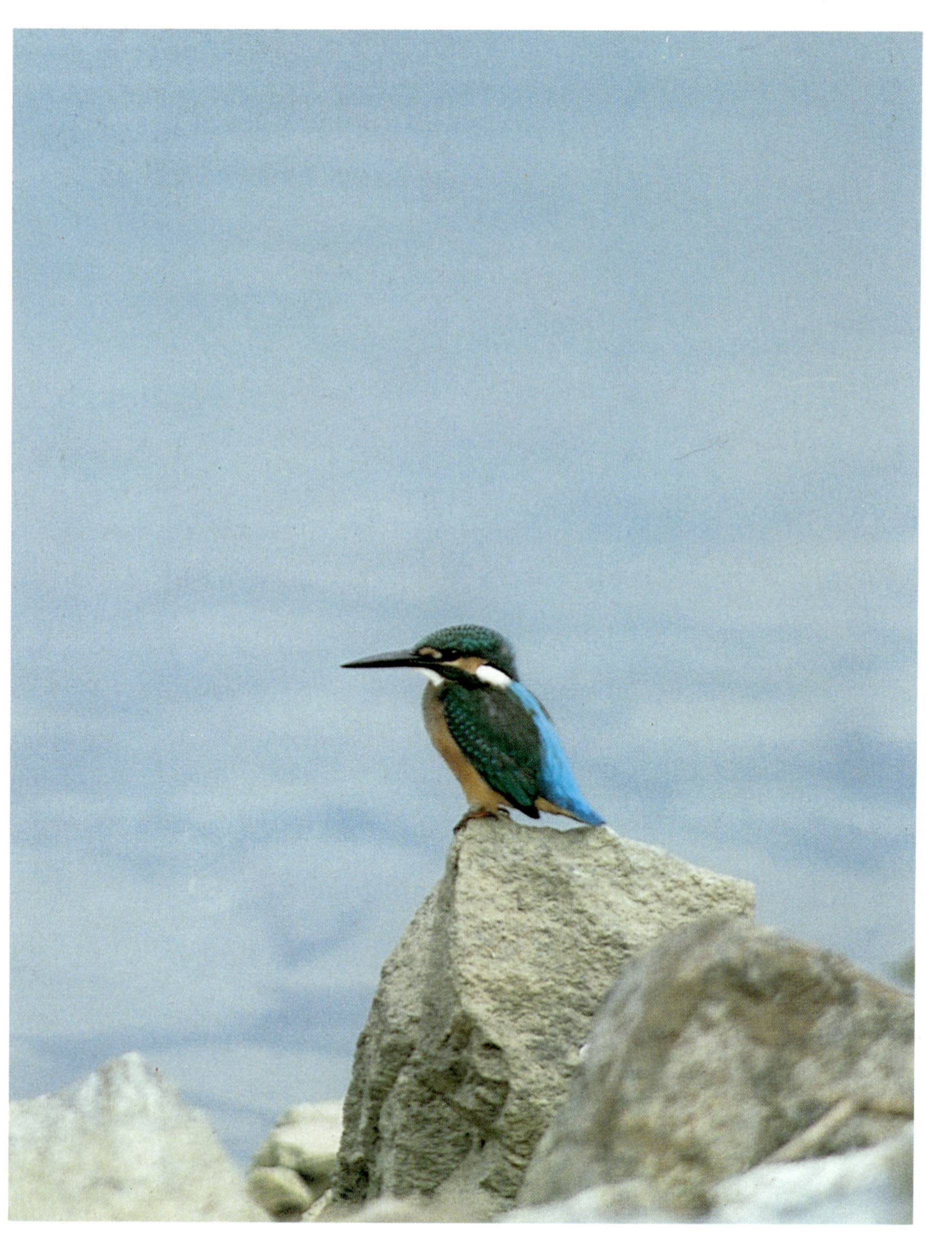

32 여름철새의 종류

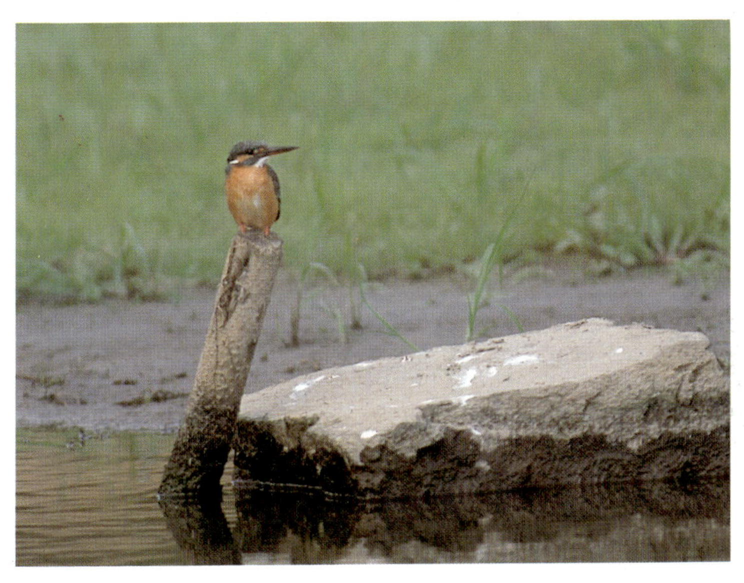

물총새　(영명) Common Kingfisher　(학명) *Alcedo atthis bengalensis*　(GMELIN)

　물총새과에 속하는 가장 작은 종으로 우리나라에는 5월 초순에 찾아오기 시작하여 10월에 강남 지방으로 가는 여름철새이다. 적은 수가 남해안에서 월동한다.

　몸 길이는 약 17센티미터이며 전체의 깃털은 파란색이다. 머리 꼭대기부터 등까지는 파란색이며 등 양쪽은 어두운 파란색이다. 턱밑은 흰색이며 가슴, 배는 흐린 붉은색이다. 뾰족하고 긴 부리는 검은색이나 암컷은 아랫부리가 붉은색이다.

　주로 물가 근처의 산림, 논과 밭, 저수지 부근에서 산다. 둥우리는 경사진 언덕에다 수평으로 땅을 파서 짓고 4 내지 7개의 알을 낳는다. 먹이로는 어류 가운데에서 민물고기를 즐겨 먹는다. 먹이를 잡을 때는 공중에서 공격을 하거나 나무 꼭대기에 앉아 있다가 갑자기 공격하여 날카로운 부리로 잡는다.

　우리나라의 개울가, 저수지, 호수 등과 근처의 숲속 어디에서나 볼 수 있다.

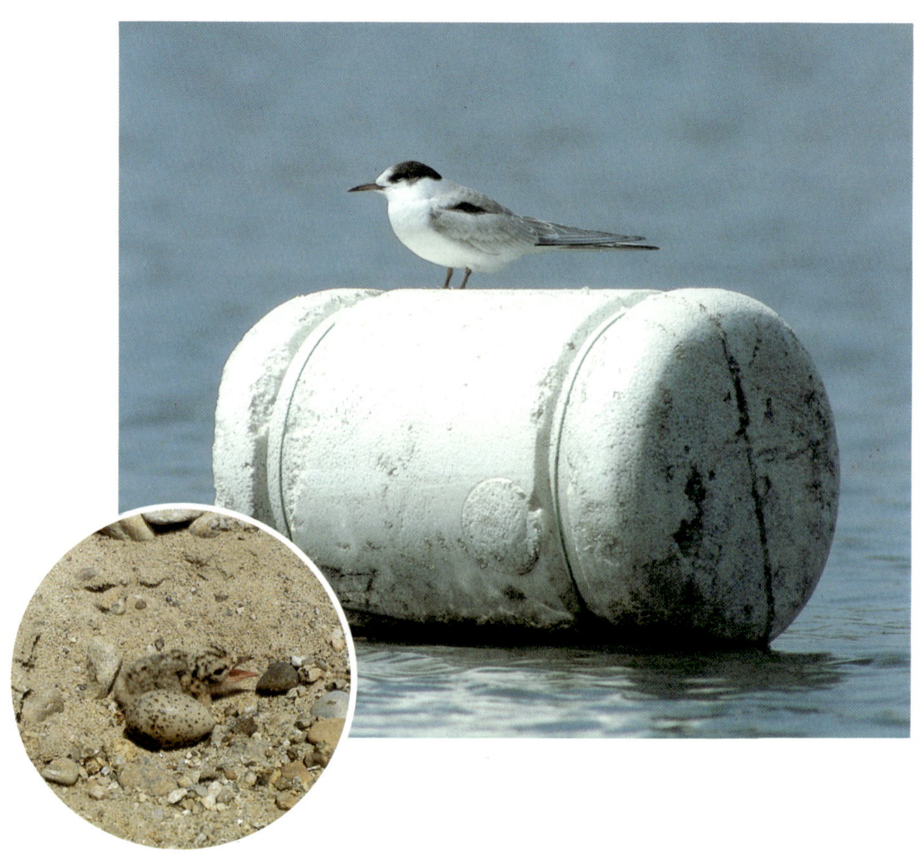

쇠제비갈매기　（영명）Little Tern　（학명）*Sterna albifrons sinensis*　（GMELIN）
　갈매기과에 속하는 가장 작은 종으로 우리나라에서 여름을 지내고 가을에 강남 지방
으로 가는 여름철새이다.
　몸 길이는 약 28센티미터이며 깃은 여름과 겨울에 약간의 차이가 있다. 여름에 깃의
이마는 흰색으로 눈 위까지 흰색의 짧은 선이 뻗어 있다. 겨울에 깃 이마의 흰색 부분
은 뒷머리 가까이까지 이어진다. 여름에 머리는 검은색이며 겨울 깃은 각 깃의 끝이
흐린 잿빛이다. 등과 허리는 흐린 잿빛이고 가슴과 배는 흰색이다. 부리는 흰색을
띠는 황색이나 끝이 다소 검은색이며 다리는 황색이다.
　주로 해안과 강가의 모래밭이나 자갈밭에서 생활한다. 둥우리는 모래땅을 파서 짓고
2, 3개의 알을 낳는다. 먹이로는 작은 물고기를 즐겨 먹는다.
　우리나라의 큰 저수지, 호수가, 강가 등에서 볼 수 있다.

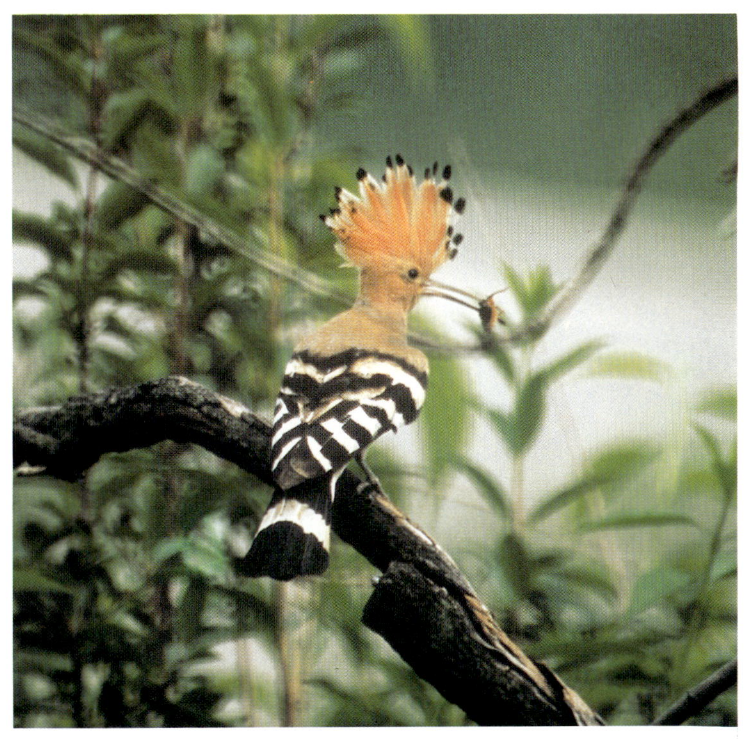

후투티　（영명）Hoopoe　（학명）*Upupa epops saturata*　（LONNBERG）

　후투티과에 속하는 유일한 종으로 우리나라에는 3월 초순에 찾아와서 10월에 강남 지방으로 가는 여름철새이다. 일명 '오디새' 또는 새의 머리 깃털이 인디언 추장의 머리를 닮았다고 하여 '인디언 추장새'라고도 불린다.
　몸 길이는 약 28센티미터 정도이다. 머리 꼭대기에서 윗등까지는 흐린 갈색이고 머리 위에는 부채 같은 깃털이 있다. 이 깃털의 끝은 검은색이며 접고 펴는 것이 자유롭다. 턱밑과 가슴은 퇴색한 황색이고 아랫등은 흰색에 검은 띠가 있으며 배는 흰색이다. 긴 부리와 다리는 검은색이다.
　주로 들판, 절터 주변, 낡은 집 주변에서 산다. 둥우리는 지붕 꼭대기나 나무의 구멍 속에다 짓고 5 내지 8개의 알을 낳는다. 먹이로는 곤충류의 유충을 좋아하며 땅강아지도 즐겨 먹는다.
　우리나라의 서울 근교에 제일 많이 살며 그 밖의 곳에서는 매우 보기 힘들며 경기도 행주산성 마을에서 매년 4, 5쌍을 관찰할 수 있다.

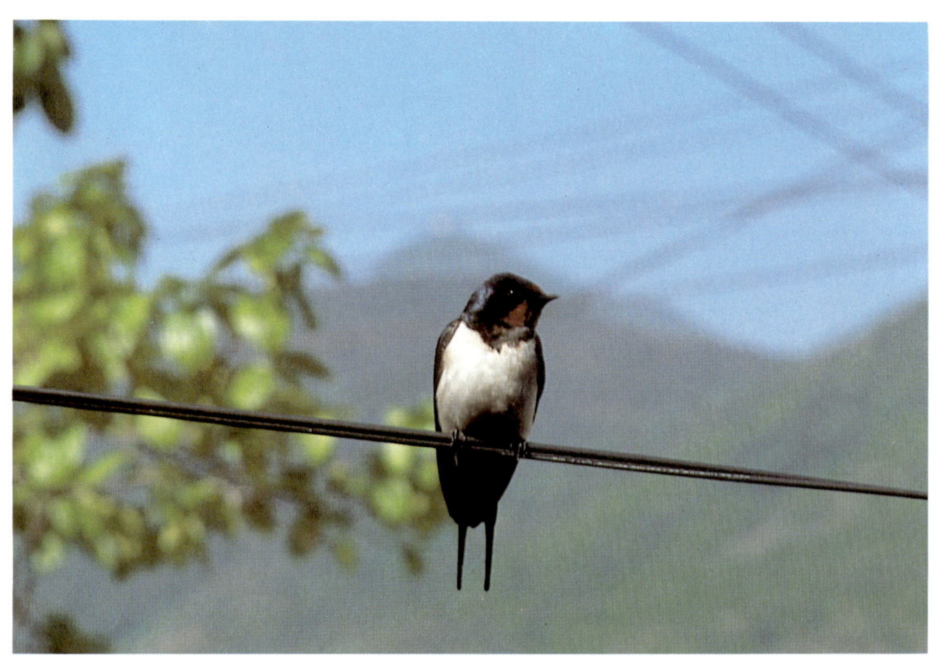

제비　(영명) House Swallow　(학명) *Hirundo rustica gutturalis*　(SCOPOLI)
　　제비과에 속하며 우리나라에서 가장 흔한 여름철새이다.
　　몸 길이는 약 17센티미터로 중형이다. 머리 꼭대기부터 꼬리까지는 광택이 있는 검은
빛을 띠는 푸른색이고 목과 윗가슴의 경계에는 검은 띠가 있다. 가슴과 배는 흰색이
고 짧고 넓은 부리는 검은색이며 다리는 어두운 갈색이다.
　　주로 인가 부근의 경작지에서 산다. 둥우리는 인가나 건축물의 옥내외에 짓고 귀속성
이 강하여 매년 같은 둥우리를 보수하여 사용한다. 진흙과 짚을 사용하여 만든 밥그
릇 모양의 둥우리에다 일 년에 2회에 걸쳐 5개 정도의 알을 낳는다. 먹이로는 논과
밭에서 곤충류를 잡아먹는다.
　　이동 시기인 10월을 전후해서는 500 내지 1만 마리가 무리를 지어 남쪽 나라인 태
국, 필리핀, 대만 등으로 간다.
　　우리나라 전국의 인가 부근에서 흔히 볼 수 있다.

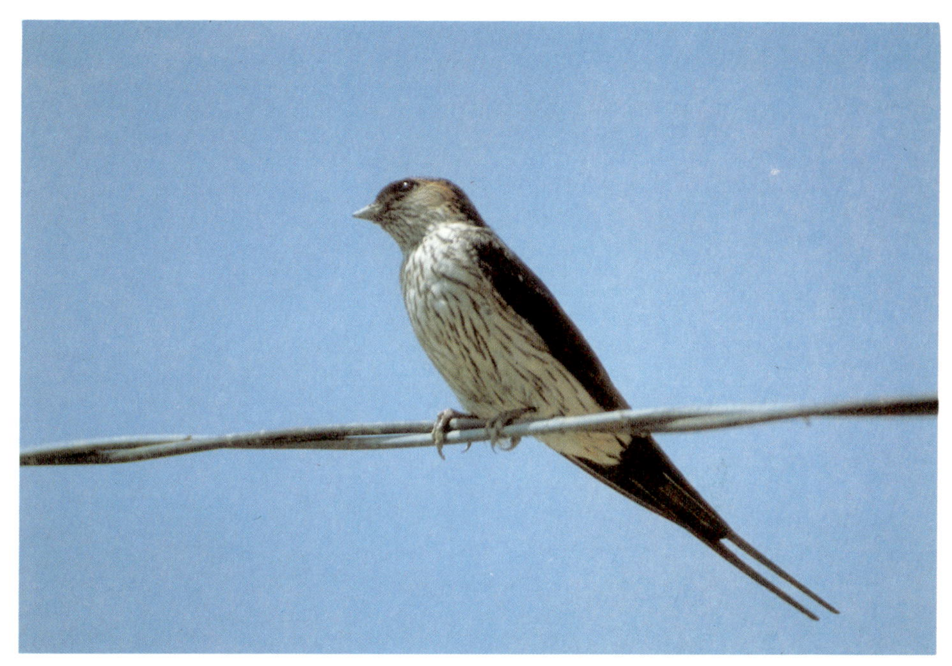

귀제비　（영명） Red-rumped Swallow
（학명） *Hirundo daurica japonica* （TEMMINCK & SCHLEGEL）

제비과에 속하는 가장 큰 종으로 우리나라에는 4월 하순에 찾아와서 10월에 따뜻한 강남 지방으로 가는 여름철새이다. 일명 '맥맥기' '맥매구리'로 불린다.

몸 길이는 약 18.5센티미터이며 암수의 깃털은 동일하다. 머리 꼭대기부터 꼬리까지는 광택이 있는 검은빛을 띠는 푸른색이고 턱밑부터 배까지는 때묻은 흐린 갈색에 검은 점 무늬가 있다. 부리는 검은색이고 다리는 어두운 갈색이다.

인가 부근의 논과 밭에서 주로 산다. 둥우리는 초가의 처마나 다리 밑에다 짚과 진흙을 이용하여 터널식으로 짓고 4, 5개의 알을 낳는다. 한 해에 2번 번식을 할 경우에는 같은 둥우리를 사용하지 않고 그 옆에 새로운 둥우리를 다시 짓는다. 먹이로는 곤충류를 즐겨 먹는다.

우리나라의 중부 내륙 지방에서 흔히 볼 수 있다.

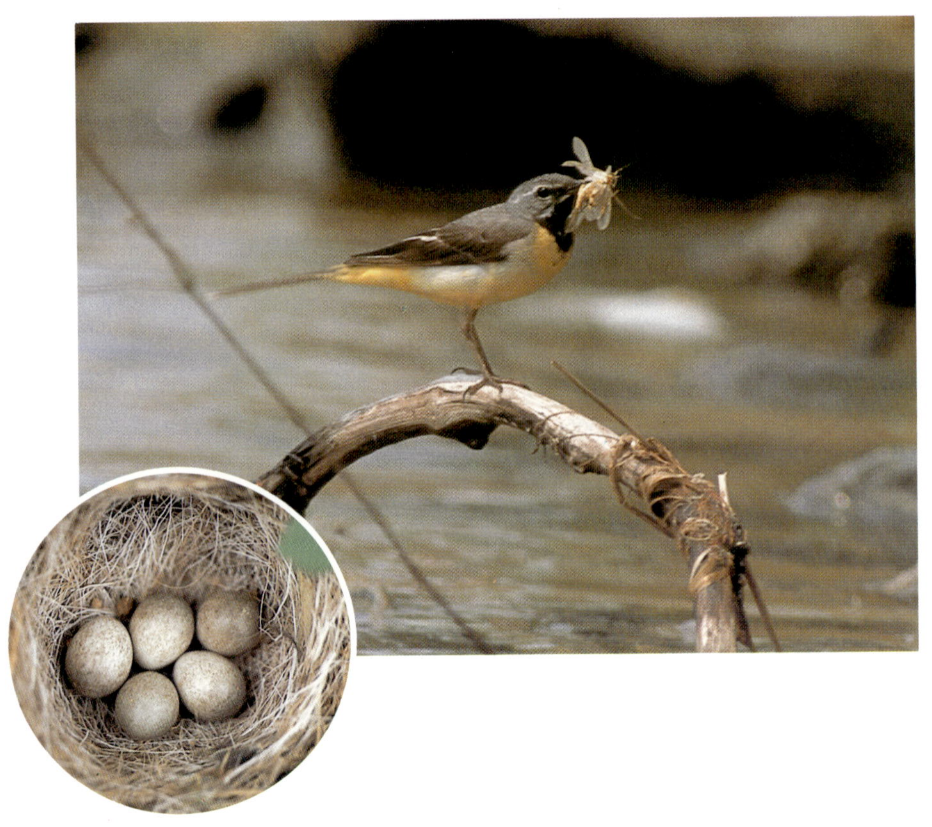

노랑할미새 （영명） Gray Wagtail　（학명） *Motacilla cinerea robusta*　（BREHM）

　　할미새과에 속하는 중형의 종으로 우리나라에는 4월 중순에 찾아와서 번식을 마치고 10월을 전후로 하여 강남 지방으로 가는 여름철새이다.

　　몸 길이는 약 20센티미터이며 암수의 깃털은 거의 동일하다. 수컷 여름 깃의 머리 꼭대기에서 허리까지는 진한 회색이며 다소 황갈색을 띤다. 턱밑은 검은색으로 깃 가장자리는 흰색이며 가슴과 배는 노랑색이다. 암컷의 경우는 턱밑이 흰색이며 가슴과 배는 흐린 노랑색이다. 부리는 검은색이며 다리는 살색을 띤 갈색이다. 가슴에 노란 깃털이 있어 쉽게 구별할 수 있는 종이다.

　　주로 평지의 개울가, 산의 계곡 등에서 산다. 둥우리는 경작지에서 멀리 떨어지지 않은 언덕이나 바위 틈에다 밥그릇 모양으로 짓고 4개 정도의 알을 낳는다. 먹이로는 수서 동물, 곤충류 등을 먹는다.

　　우리나라 내륙 지방의 개울가에서 흔히 볼 수 있다.

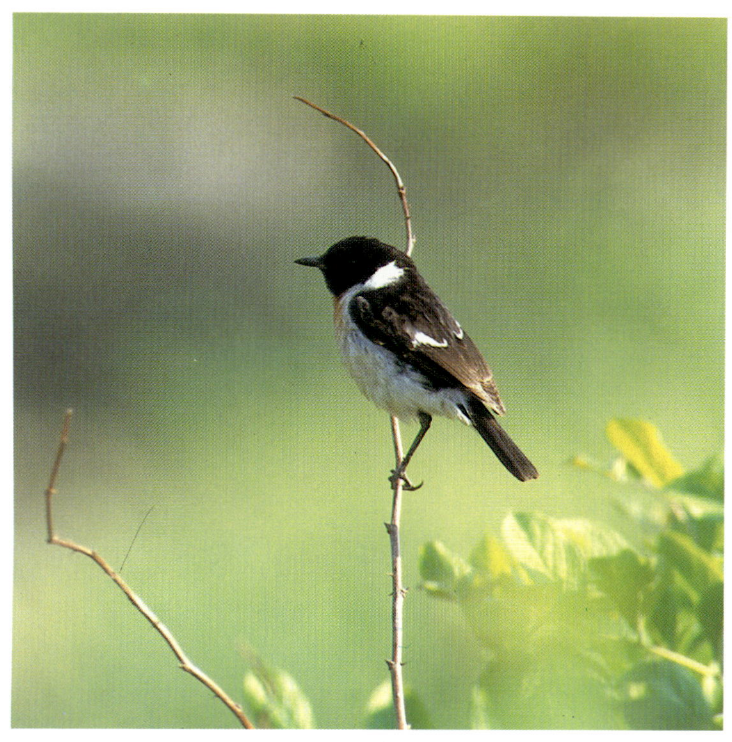

검은딱새 （영명） Stonechat　（학명） *Saxicola torguata stejnegeri*　（PARROT）
　딱새과에 속하는 종으로 우리나라에는 4월 중순에 찾아와서 번식하고, 10월 하순에
강남 지방으로 가는 흔한 여름철새이다.
　몸 길이는 약 13센티미터이며 암수의 깃털은 다르다. 수컷의 겨울 깃은 머리 꼭대기
에서 꼬리까지 은색이며 암컷은 어두운 갈색이다. 수컷의 턱밑은 검은색이며 암컷은
황갈색이다. 수컷의 목 옆에는 흰 띠가 있으며 가슴은 붉은색이고 암컷은 황갈색이
다. 수컷의 배는 흐린 황갈색이며 부리와 다리는 흑갈색이다.
　주로 울창한 산림 근처의 논과 밭, 야산의 덤불, 공동 묘지, 과수원 등지에서 산다.
둥우리는 경사진 땅바닥이나 바위 틈에다 짓고 5 내지 7개 정도의 알을 낳는다. 번식
뒤에는 평지의 습지나 넓은 들판으로 나온다. 먹이로는 작은 곤충류를 즐겨 먹는다.
우리나라의 도서 지방을 제외하고는 전국 내륙 지방의 농경지, 초지, 야산 등에서
볼 수 있다.

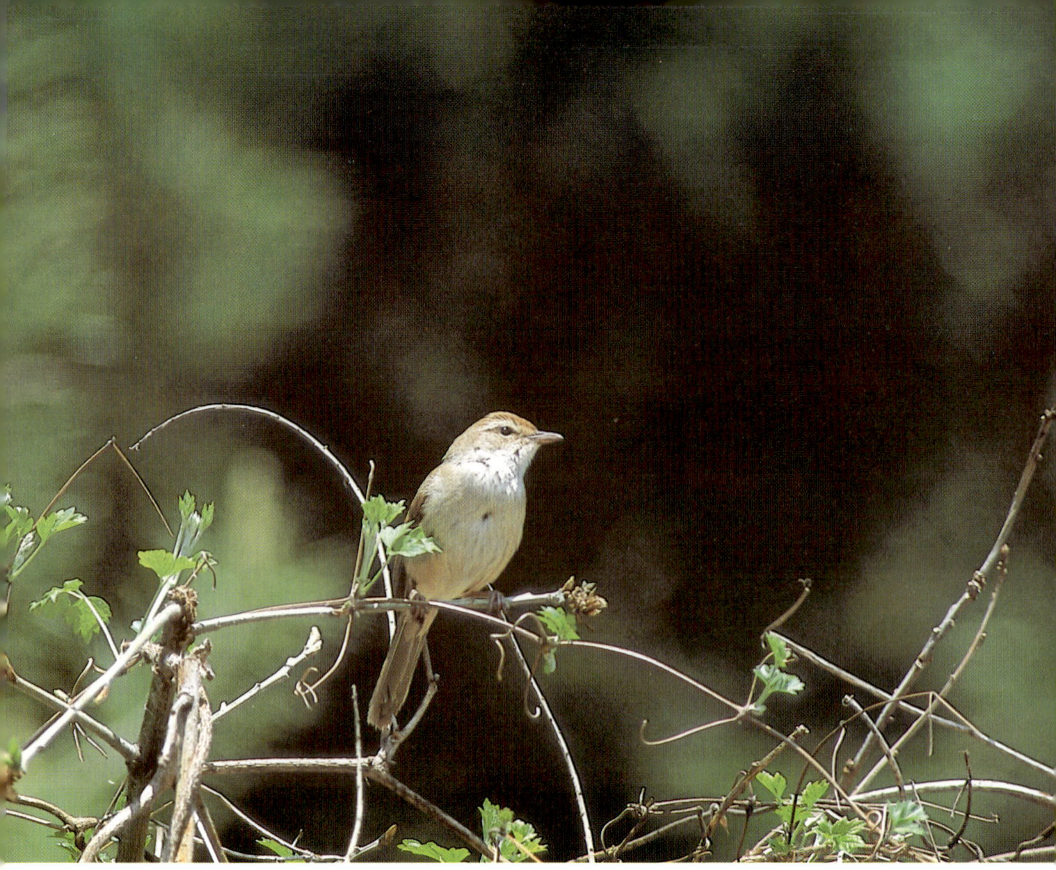

휘파람새　（영명）Bush Warbler　（학명）*Cettia diphone borealis*　（CAMPBELL）
딱새과에 속하는 종으로 우리나라에는 4월 초순부터 찾아와서 여름을 지내고 10월에
강남 지방으로 가는 여름철새이다. 우리나라 남해안의 상록수림에 사는 휘파람새는
아종(亞種)에 속하는 것으로 색깔, 크기, 울음 소리가 다르다.
몸 길이는 약 15.5센티미터이며 암컷은 수컷의 반 정도의 크기이다. 수컷은 겨울에
깃의 이마에서 꼬리 까지는 녹색을 띠는 갈색으로, 턱밑부터 배의 중앙까지는 흰색이
고 배의 옆은 황갈색으로 변한다. 짧은 부리는 살색과 검은색, 다리는 살색이며 발가
락이 유난히 강하다.
주로 논과 밭 주변의 개울가, 야산의 덤불, 마을 근처의 낮은 나무에 산다. 둥우리는
나뭇가지 위나 줄기 사이에다 짓고 4 내지 6개의 알을 낳는다. 먹이로는 곤충류가
주식이다.
우리나라에서의 휘파람새 분포지는 중부 이북이며 남해안 상록수림에는 아종인 제주
휘파람새가 서식한다.

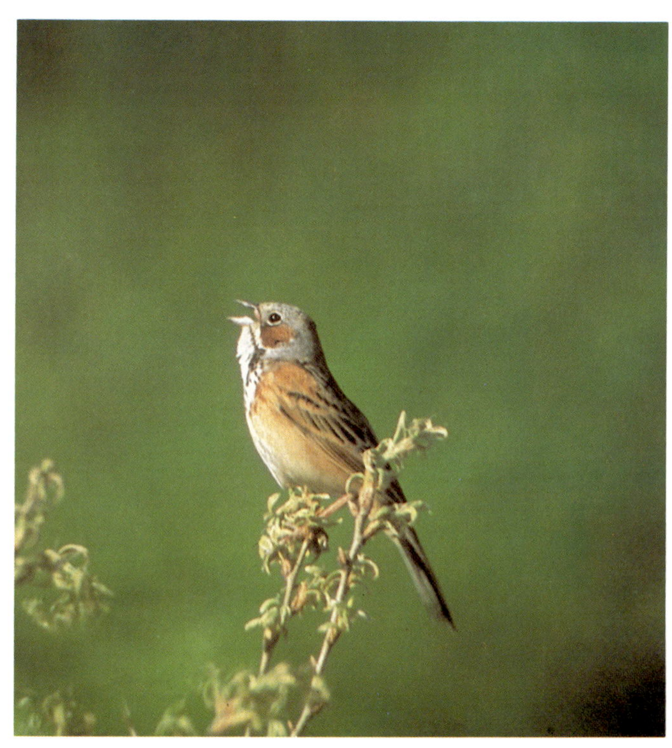

붉은뺨멧새 (영명) Gray-headed Bunting (학명) *Emberiza fucata fucata* (PALLAS)
멧새과에 속하는 종으로 멧새 무리 가운데서 우리나라의 유일한 여름철새이다.
몸 길이는 약 16센티미터이며 암수의 깃털은 거의 동일하다. 머리는 회색이며 뺨에는
붉은 점이 있다. 턱밑, 가슴, 배는 때문은 흰색이며 윗가슴에 진한 갈색의 띠가 있
다. 등은 갈색으로 검은색의 얼룩 무늬가 있고 부리와 다리는 흐린 갈색이다. 이 종은
뺨이 붉은 것이 특징이다.
주로 강가의 둑, 야산의 낮은 숲, 논과 밭 근처의 덤불, 공동 묘지에서 산다. 둥우리는
관목과 작은 소나무의 가지 위에다 밥그릇 모양으로 짓고 4 내지 6개의 알을 낳는
다. 번식이 끝나는 시기에는 넓은 개울의 갯버들 나무에서 흔히 관찰할 수 있다. 먹이
로는 해충을 주로 먹는다.
우리나라의 논, 밭, 들, 야산 등에서 볼 수 있으며 특히 내륙 지방에서 눈에 잘 띈다.

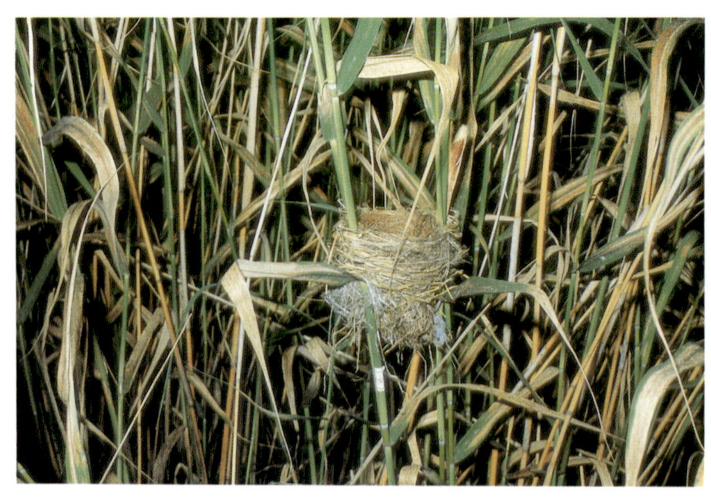

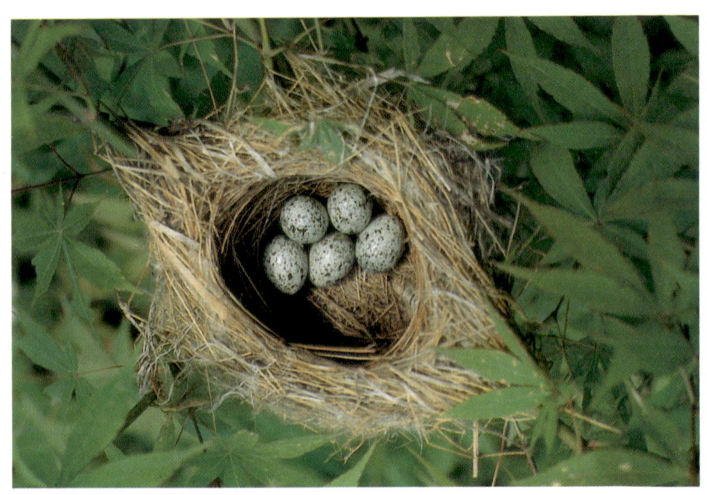

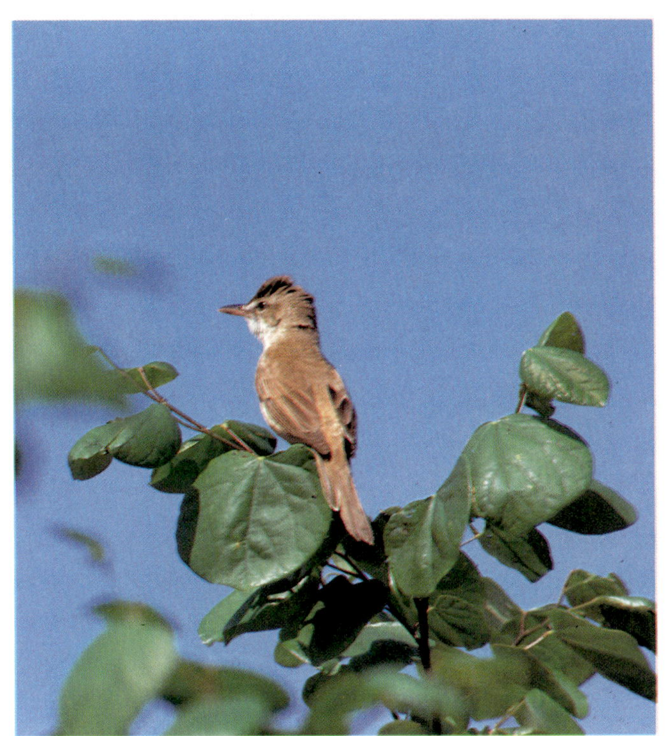

개개비　(영명) Great Reed Warbler

(학명) *Acrocephalus arundinaceus orientalis*　(TEMMINCK & SCHLEGEL)

딱새과에 속하는 중형의 종으로 우리나라에는 4월 하순부터 찾아와서 번식을 하고 10월 초순에 강남 지방으로 가는 여름철새이다.

몸 길이는 약 18.5센티미터이며 암수의 깃털은 동일하다. 머리 꼭대기에서 등까지는 흐린 녹색을 띠는 갈색이며 턱밑에서 배까지는 황색을 띠는 흰색이다. 부리는 황갈색이며 다리는 푸르스름한 회색이다.

주로 저수지 주변이나 강가의 갈대밭에서 산다. 둥우리는 갈대밭, 활엽수림의 가지 사이에다 밥그릇 모양으로 짓고 4 내지 6개의 알을 낳는다. 먹이로는 곤충류 가운데서도 잠자리를 즐겨 먹는다.

우리나라의 도서 지방이나 높은 산악 지방을 제외한 전국의 저수지, 호수, 강가 등이나 갈대밭에서 볼 수 있다.

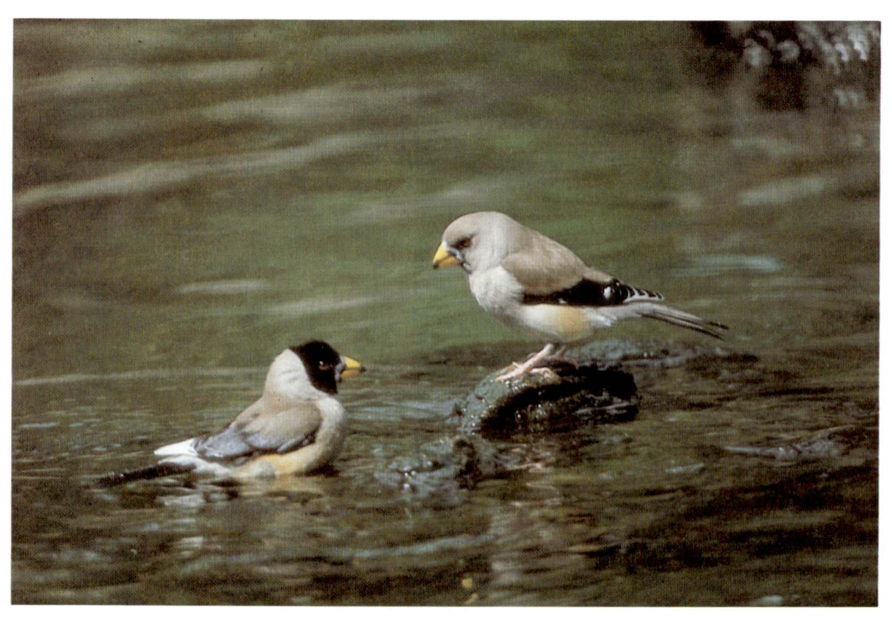

밀화부리 (영명) Chinese Grosbeak
(학명) *Eophona migratoria migratoria* (HARTERT)
되새과에 속하는 대형의 종으로 우리나라의 중부 이북 지방에서는 여름철새이나
제주도 지방에서는 작은 무리가 겨울을 지낸다.
몸 길이는 약 18.5센티미터이며 암수의 깃털은 약간 다르다. 수컷의 머리는 광택있는
검은색이고 암컷은 회색이다. 수컷의 목과 윗등은 갈색을 띠는 회색이며 아랫등은
검은색이며 암컷은 회색이다. 수컷의 가슴은 회색이며 배는 때문은 흰색이다. 암컷은
수컷에 비해 전체적으로 흐린 색을 띤다.
주로 도시의 주변, 활엽수와 침엽수의 숲에서 살며 울음 소리가 아름다워 사육조로
많이 기르는 새이다. 여름의 먹이는 곤충류이며 겨울에는 종자나 곡류 등을 먹는다.
우리나라의 전역에서 흔히 볼 수 있는 새이며 겨울에는 제주도의 삼성혈에서 적은
수가 겨울을 나고 있다.

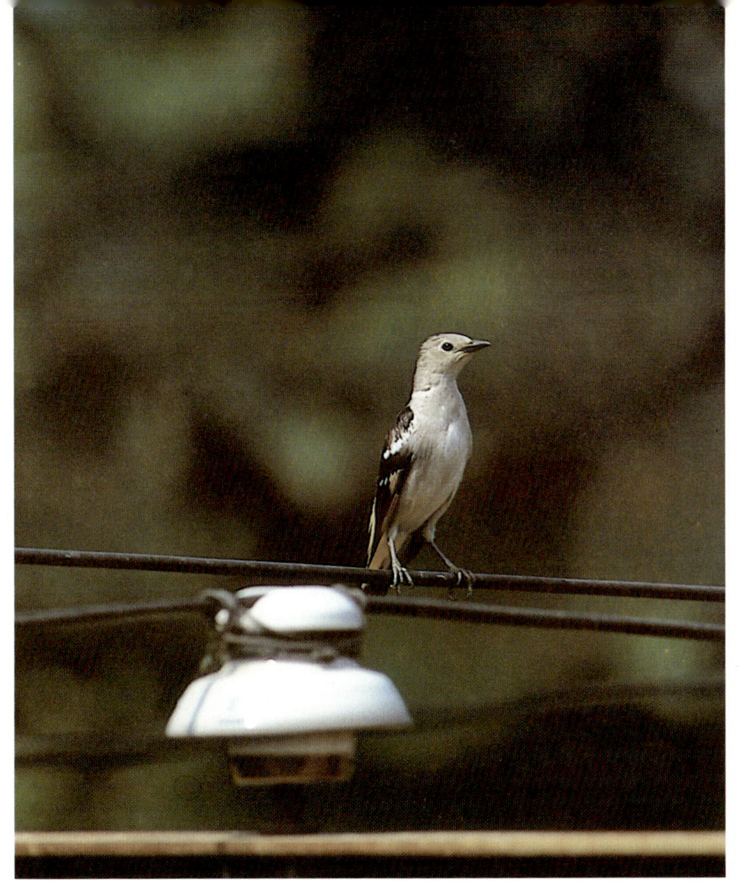

북방쇠찌르레기 （영명） Daurian Myna　（학명） *Sturnus sturninus*　（PALLAS）
　찌르레기과에 속하는 가장 작은 종으로 우리나라에는 4월 중순에 찾아와서 번식을
하고 10월에 강남 지방으로 가는 여름철새이다.
　몸 길이는 약 26센티미터이며 암수의 깃털은 약간 다르다. 수컷의 머리와 목은 진한
회색이며 등은 검은색이다. 암컷의 등은 어두운 갈색이다. 수컷의 턱밑과 가슴은
갈색을 띠는 회색이며 배는 때문은 흰색이다. 꼬리는 녹색 광택이 있는 검은색이다.
부리는 검은색이며 다리는 회갈색이다.
　서울을 중심으로 한 도시의 공원과 학교, 교외에서 주로 산다. 둥우리는 빌딩, 공원의
나무, 전신주 꼭대기에다 구멍을 만들어 짓고 5개 정도의 알을 낳는다. 먹이로는 곤충
의 유충을 즐겨 먹는다.
　우리나라의 서울을 중심으로 한 중부 이북 지방에서 드물게 볼 수 있다.

산림의 여름철새

산림에 찾아오는 대표적인 여름철새는 호반새, 파랑새, 호랑지빠귀, 흰배지빠귀, 꾀꼬리 등이며 이 조류들은 이른봄인 4월 중순에 강남 지방에서 찾아오기 시작하여 5월 중순이나 말이면 모두 짝짓기에 들어가 번식한다.

산림의 여름철새들은 침엽수림보다는 참나무 등 활엽수림이 많은 산, 특히 교목이 많고 울창한 산림에서 다양하고 쉽게 관찰할 수 있다.

산림의 여름철새 가운데 호반새와 파랑새는 울창한 산림이 있는 고목나무의 구멍에서 보금자리를 만들어 번식한다. 호반새의 먹이는 개울가의 가재, 물고기, 개구리, 나방 등이며 번식기 이외에는 하루 종일 이곳에서 생활한다. 또 파랑새는 울창한 산림에 사는 매미, 딱정벌레, 나방류 등을 주로 먹고 살며 때로는 높은 하늘을 날아다니며 먹이를 잡기도 한다.

지빠귀 무리인 호랑지빠귀는 큰 나무의 가지 사이에 둥지를 만들어 번식한다. 먹이는 큰 나무가 많은 울창한 숲 밑에서 지렁이를 잡아먹는다. 흰배지빠귀는 큰 나무의 중간 지점 가지 사이에 둥지를 만들어 번식하고 먹이는 나뭇잎이나 줄기에 사는 곤충류를 먹고 산다.

꾀꼬리는 깊은 산림보다는 논밭 근처의 시야가 좋고 높은 울창한 산림에서 산다. 둥우리는 다른 동물의 침입을 막기 위해 나뭇가지 끝에 둥지를 만들며 주로 산림에 해로운 나방과 나비류의 유충을 먹고 사는 이로운 조류이다.

산림에 사는 조류들은 최근 자연림의 급격한 감소와 공중 농약 살포로 인한 먹이의 부족 등으로 그 수효가 급격히 감소하고 있는 추세이다.

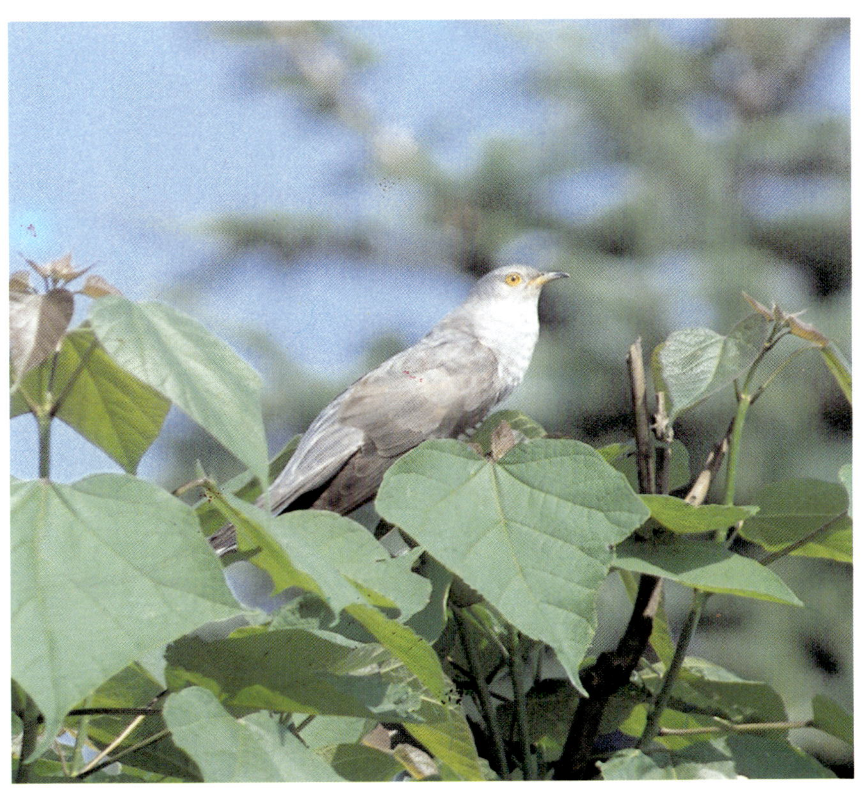

뻐꾸기 （영명） Common Cuckoo　（학명） *Cuculus canorus telephonus*　（HEINE）

두견이과에 속하는 종으로 우리나라에서 여름을 지내고 가을에 강남 지방으로 가는 여름철새이다.

몸 길이는 약 35센티미터이며 암수의 깃털은 약간 다르다. 수컷의 머리에서 꼬리까지는 진한 회색이며 암컷은 다소 갈색을 띤다. 수컷의 턱밑에서 윗가슴까지는 흐린 회색이며 암컷은 목 앞에 황갈색을 띤다. 수컷의 배는 흰색에 어두운 갈색 띠가 있으며 부리는 어두운 갈색이며 다리는 황색이다.

주로 숲속에서 단독 생활을 하며 지상으로 내려오거나 전선에 앉아 있기도 한다.

둥우리는 직접 틀지 않고 다른 작은 새의 둥우리에 알을 까서 부화시킨다. 먹이로는 곤충류를 즐겨 먹으며 간혹 포유류를 먹기도 한다.

우리나라의 전역에서 볼 수 있다.

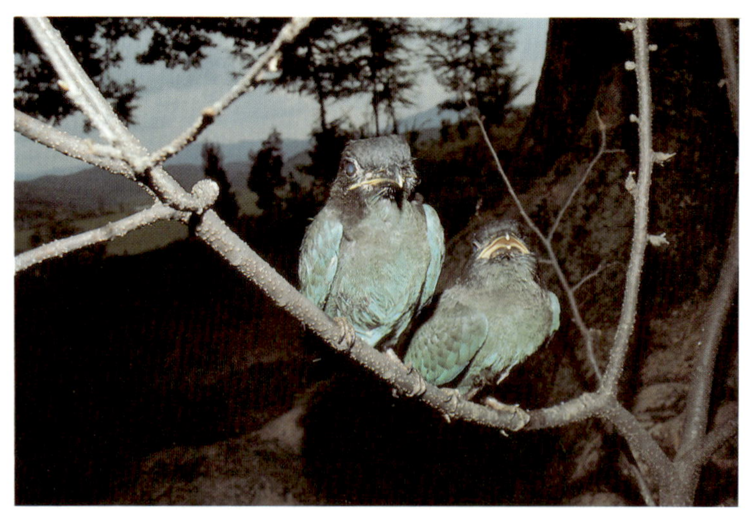

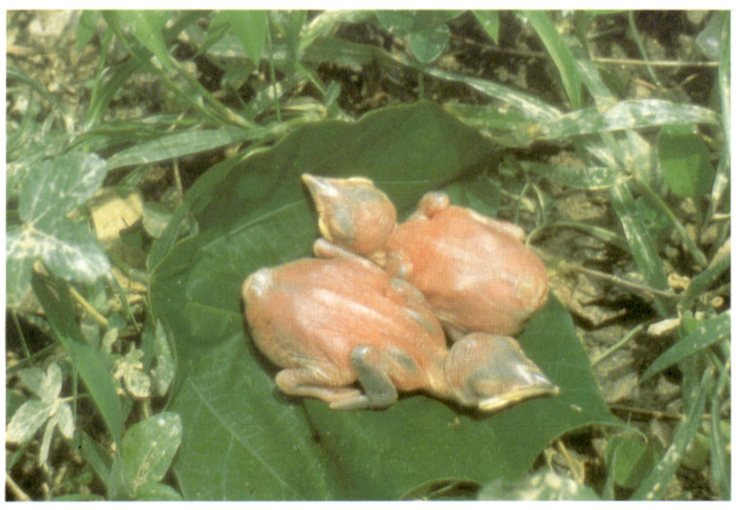

48 여름철새의 종류

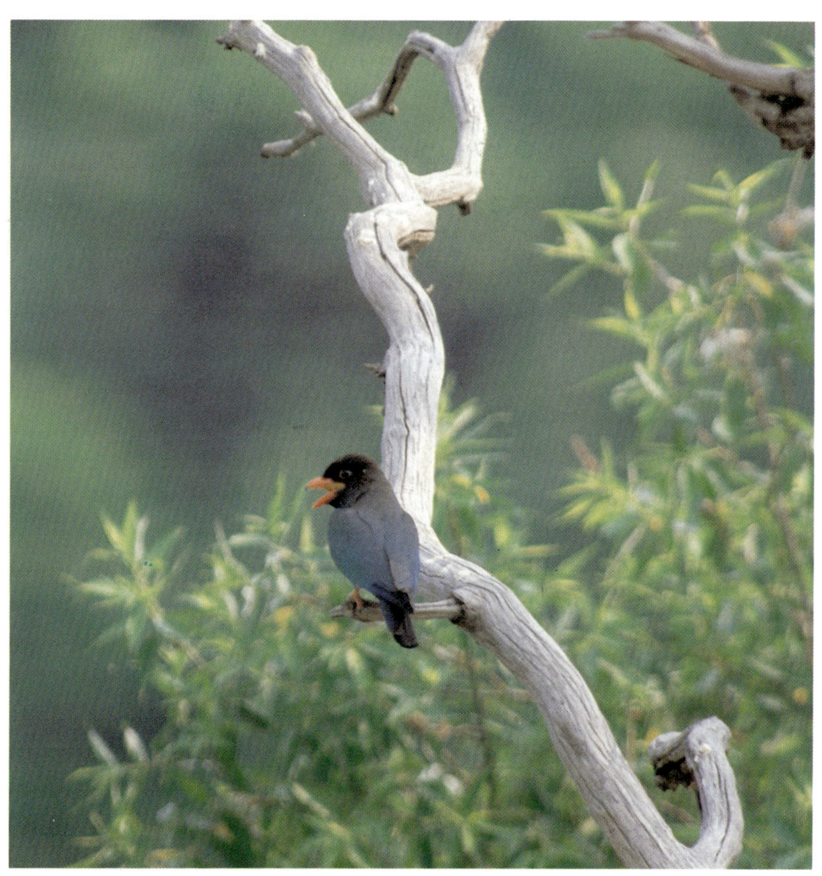

파랑새　（영명） Broad-billed Roller　（학명） *Eurystomus orientalis calonyx*　（SHARPE）
파랑새과에 속하는 유일한 종으로 우리나라에는 5월에 찾아와서 10월에 강남 지방으로 가는 여름철새이다. 산림이 울창한 절 주변에 산다고 하여 '승려새'라고 불린다. 몸 길이는 약 29.5센티미터이며 암수의 깃털은 거의 동일하다. 검은색의 머리와 날개 끝부분의 흰색을 제외하고는 모두 파란색이다. 굵고 짧은 부리는 붉은색이며 몸에 비해 작은 다리도 붉은색이다.
주로 숲속과 농경지 부근, 도시 공원에서 산다. 고목나무의 구멍이나 사용하지 않는 지붕 위의 구멍에다 3, 4개의 흰 알을 낳는다. 먹이로는 곤충류가 주식이다.
우리나라 전역의 산림에서 드물게 볼 수 있다.

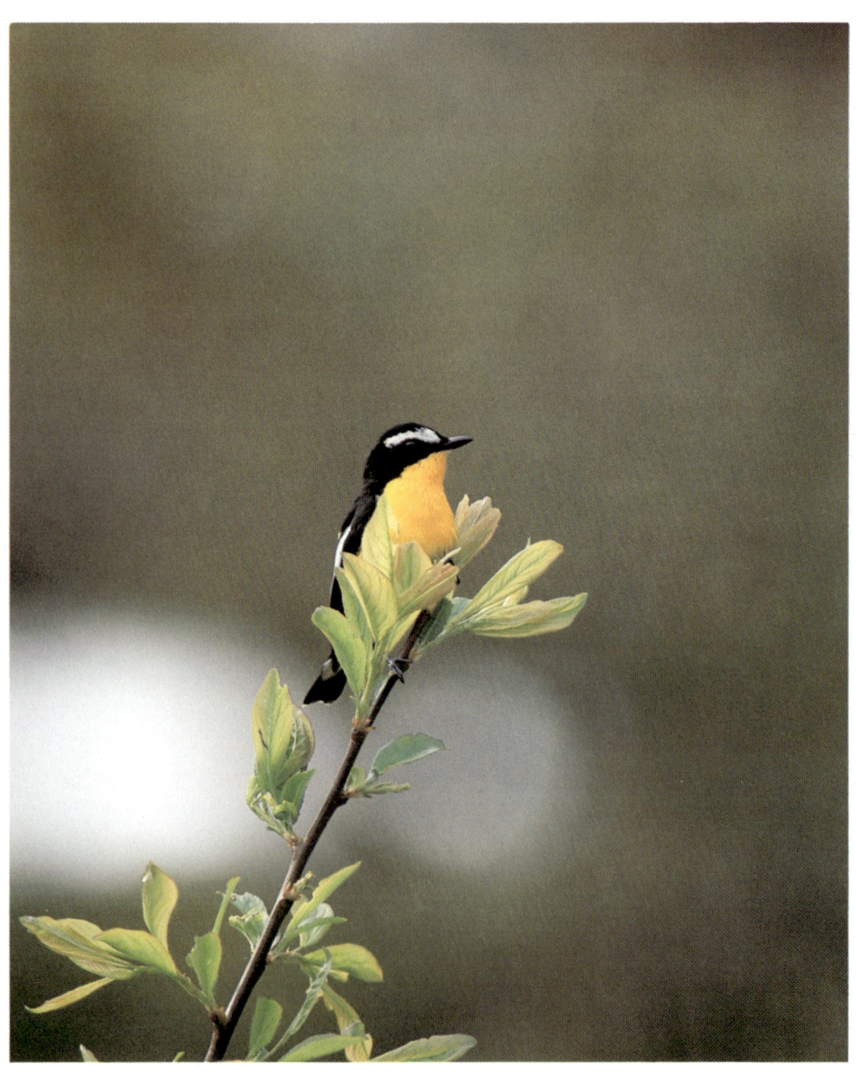

50 여름철새의 종류

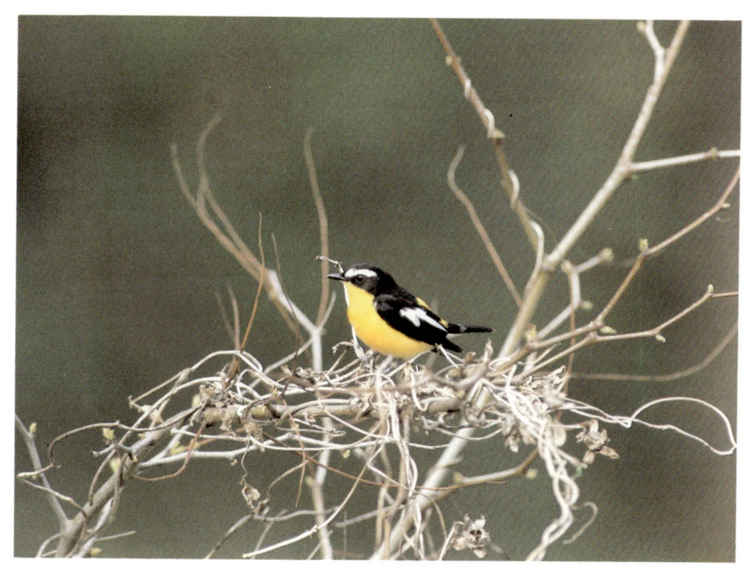

흰눈썹황금새　（영명）Tricolor Flycatcher　（학명）*Ficedula zanthopygia*　（HAY）
딱새과에 속하는 작은 종으로 우리나라에는 4월 하순에 찾아와서 번식하고, 10월
초순에 모두 강남 지방으로 가는 여름철새이다.
　몸 길이는 약 13센티미터이며 암수의 깃털은 약간 다르다. 수컷은 겨울에는 깃의
머리 꼭대기에서 등까지 검은색이며 등의 중앙은 진한 노랑색을 띠고 있고, 양옆에는
흰색의 굵은 선이 있다. 눈썹선은 흰색이며 턱밑에서 배까지는 진한 노랑색이다.
암컷은 수컷에 비해 흐린 노랑색이며 각 깃의 끝이 녹색이므로 녹색으로 보인다.
부리는 검은색이며 다리는 검은 갈색이다.
　평지의 활엽수림에서 주로 살며 고목의 자연 구멍 속이나 인공 둥우리를 이용하여
5, 6개 정도의 분홍색 알을 낳는다. 먹이로는 곤충류의 성충과 나방의 유충을 주로
먹는다.
　우리나라의 중부 내륙 지방의 울창한 산림에서 흔히 볼 수 있었으나 최근에는 매우
드물다.

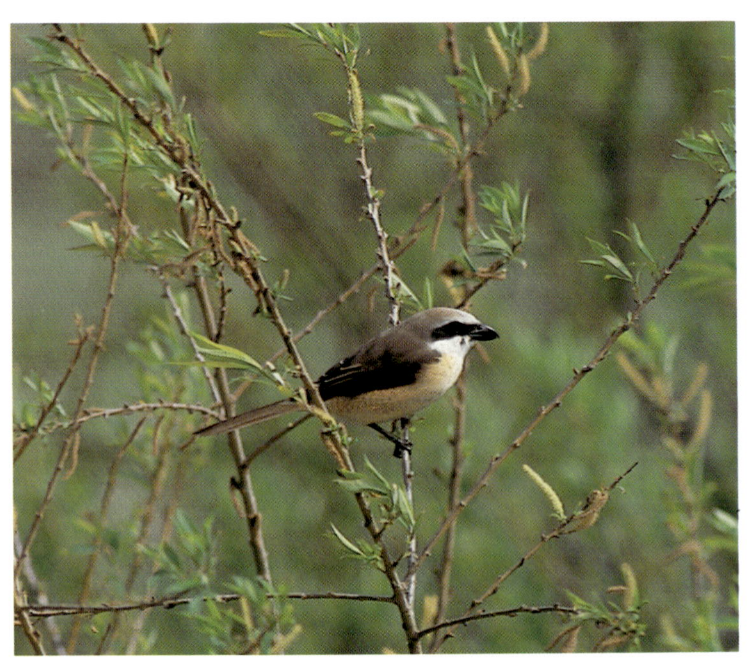

노랑때까치 (영명) Brown Shrike (학명) *Lanius cristatus lucionensis* (LINNAEUS)
　때까치과에 속하는 흔한 종으로 우리나라에서 여름을 지내고 늦가을에 강남 지방으로 가는 여름철새이다.
　몸 길이는 약 20센티미터이며 암수의 깃털은 거의 동일하다. 머리 꼭대기부터 등까지는 흐린 회색을 띠고 턱밑은 흰색이다. 부리와 눈 사이에는 검은 선이 있고 암컷의 검은 선은 수컷에 비해 흐리고 작다. 가슴과 배는 노랑색이며 구부러진 부리와 다리는 흑갈색이다.
　주로 들판의 느티나무, 큰 소나무숲, 인가 근처의 아카시아숲에서 산다. 둥우리는 높은 나뭇가지 사이에다 짓고 4 내지 7개 정도의 알을 낳는다. 먹이로는 곤충류, 개구리 등을 주로 먹는다.
　우리나라 전역에서 흔히 볼 수 있다.

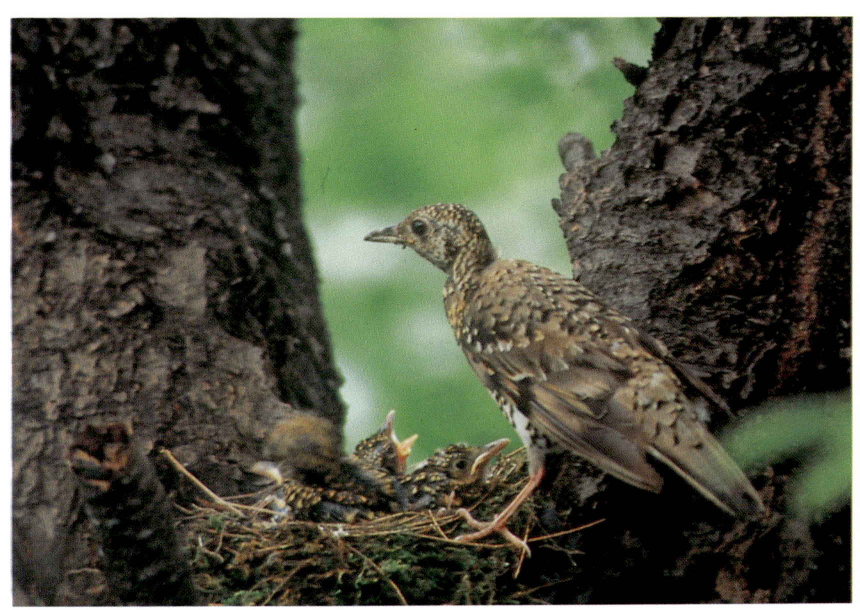

호랑지빠귀 （영명） White Ground Thrush
（학명） *Turdus dauma aureus* （HOLANDRE）
지빠귀아과에 속하는 종으로 우리나라에서 여름을 지내고 가을에 강남 지방으로
가는 여름철새이다.
몸 길이는 약 30센티미터이며 암수의 깃털은 거의 같다. 머리 꼭대기에서 꼬리까지는
흑갈색으로 각 깃의 끝은 황색이다. 가슴, 옆구리는 황갈색으로 각 깃의 끝에는 검은
색의 반달점이 있다. 배는 흰색으로 검은 얼룩점이 약간 있다. 윗부리는 갈색이고
아랫부리는 황색이며 다리는 흐린 황갈색이다.
주로 낙엽활엽수림이나 잡목림 속에서 산다. 둥우리는 이끼류나 마른 가지를 이용하
여 나뭇가지 위에다 짓는데 4, 5개의 알을 낳는다. 먹이는 동물성이 주가 되며 식물의
열매도 종종 먹는다.
우리나라의 전역에서 흔히 볼 수 있으며 야행성의 조류이기도 하다.

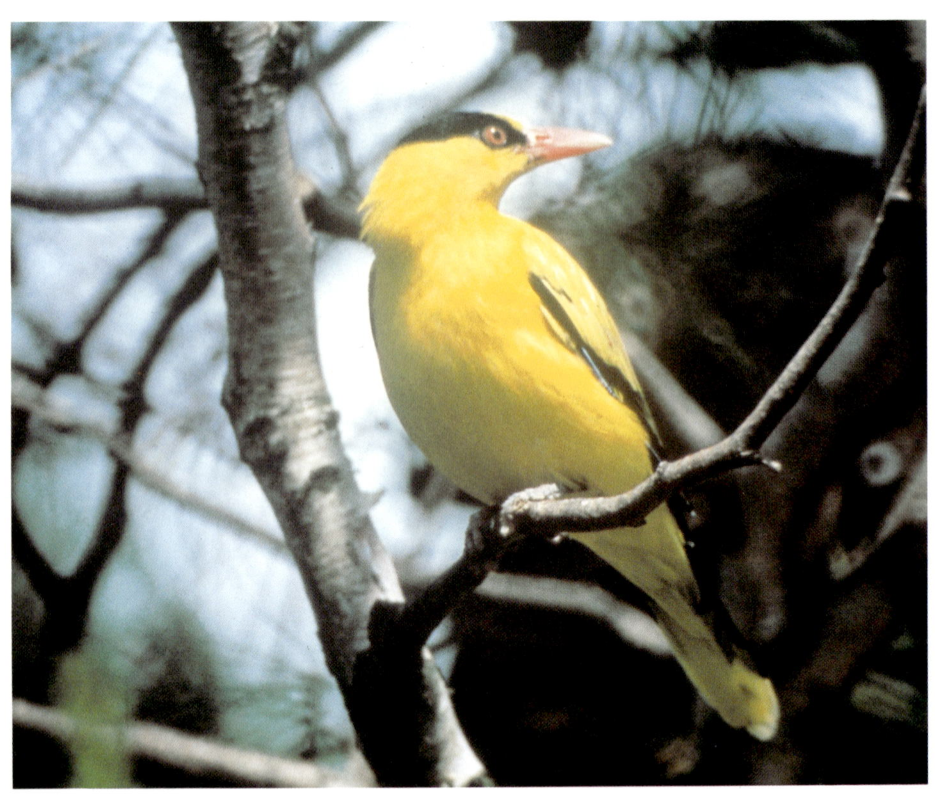

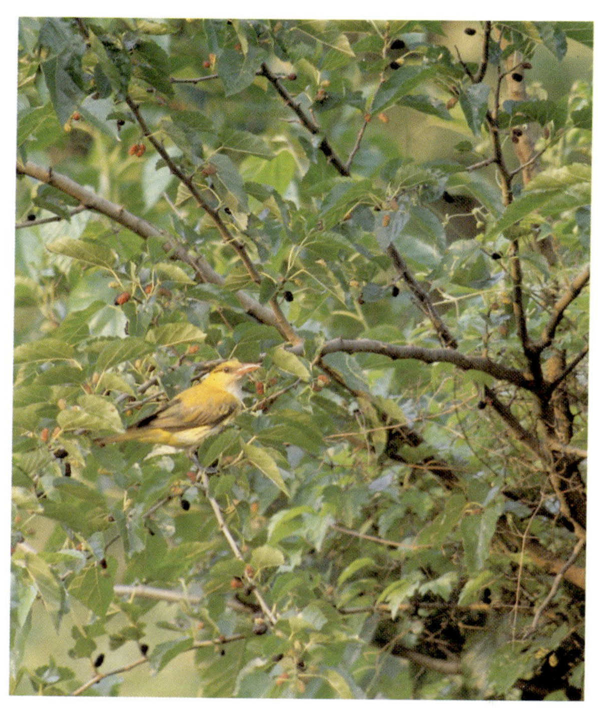

꾀꼬리 （영명） Black-naped Oriole　（학명） *Oriolus chinensis diffusus*　（SHARPE）
　꾀꼬리과에 속하는 우리나라의 유일한 종으로 4월 하순에 찾아와서 번식을 마치고,
10월 하순에 강남 지방으로 가는 여름철새이다.
　몸 길이는 약 26센티미터이며 암수의 깃털은 약간 다르다. 수컷의 눈 주위에서 뒷목
사이에는 검은 띠가 있고 암컷의 검은 띠는 수컷보다 좁다. 아랫등에서 꼬리까지는
검은색이며 그 밖에는 모두 진한 노랑색이다. 암컷의 등은 흐린 녹색이며 그 밖의
부분도 수컷처럼 선명한 노랑색이 아니다. 부리는 진한 살색, 다리는 검은색이다.
　높은 산이나 울창한 산림보다는 야산의 활엽수림, 공원에서 주로 산다. 둥우리는
큰 나뭇가지 끝에다 짓고 4개 정도의 알을 낳는다. 번식 뒤의 이동기에는 40 내지
100마리가 무리를 지어 이동한다. 봄철의 먹이는 곤충류이며 가을철에는 나무 열매
를 먹는다.
　울릉도를 제외한 우리나라의 전역에서 흔히 볼 수 있다.

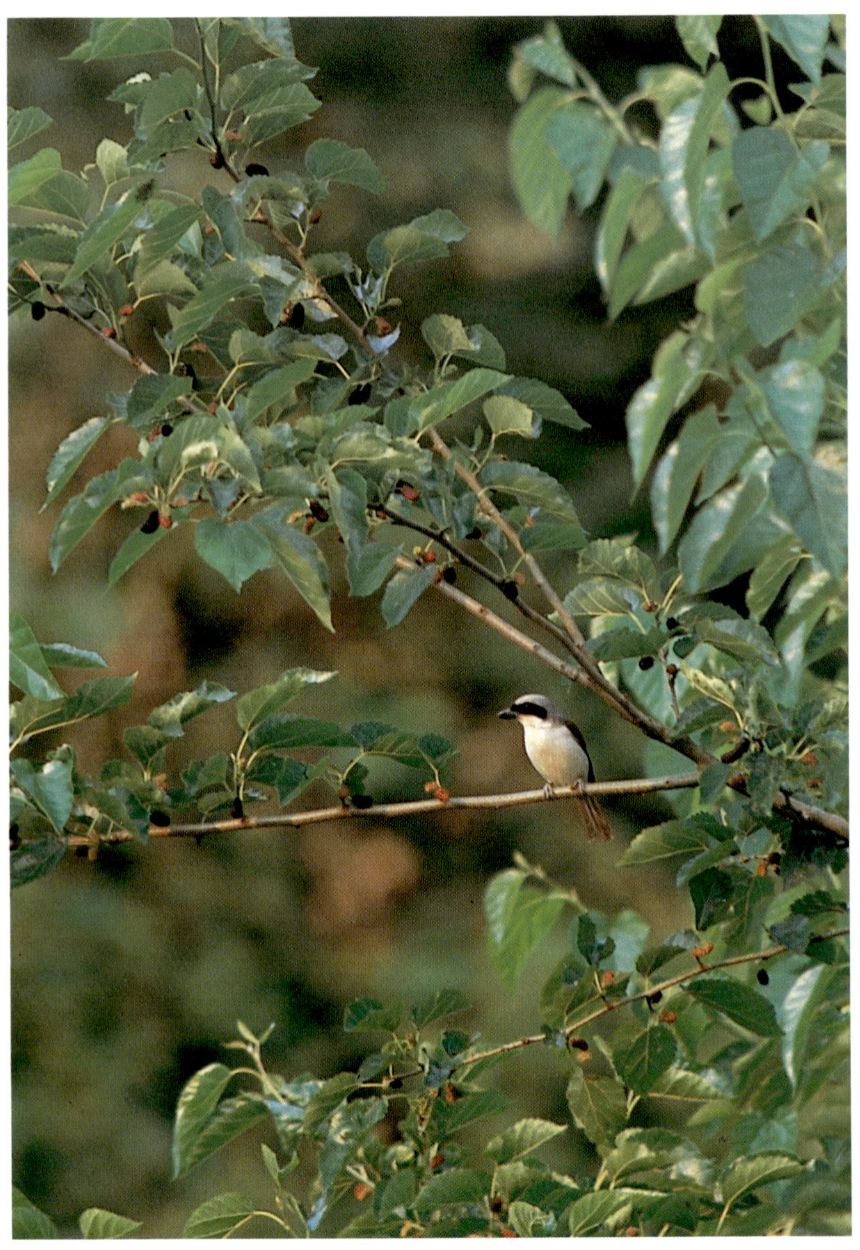

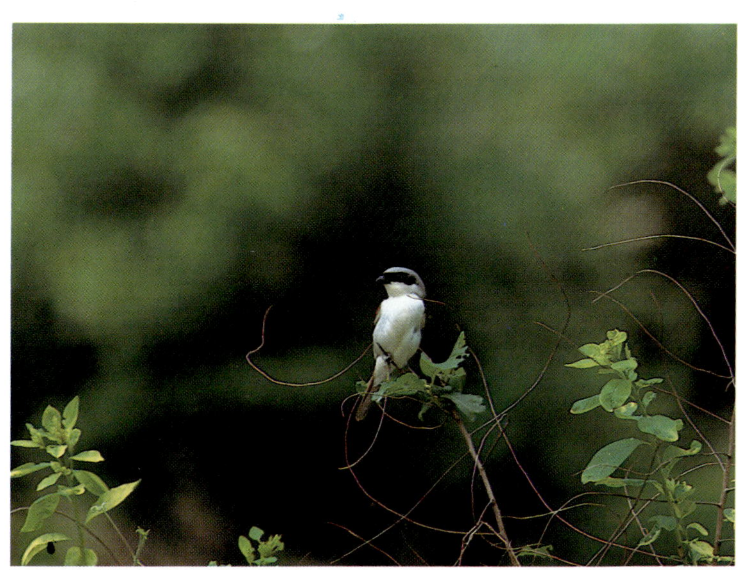

칡때까치   (영명) Thick-billed shrike   (학명) *Lanius tigrinus*   (DRAPIEZ)
  때까치과에 속하는 작은 종으로 우리나라에는 5월 초순에 찾아와서 번식을 마치고,
10월에 강남 지방으로 가는 여름철새이다.
  몸 길이는 약 18.5센티미터이며 암수의 깃털은 거의 동일하다. 머리는 광택있는 회색
이며 눈 주위에는 검은색의 큰 선이 있다. 턱밑부터 배까지는 흰색이며 암컷의 가슴
에는 검은색의 파도 무늬가 있다. 등과 꼬리는 적갈색으로 2, 3개의 검은 가로 선이
있다. 단단한 부리와 다리는 검은색이다.
  주로 인적이 드문 들판, 산림에서 살며 둥우리는 관목림의 나뭇가지 사이에다 묵은
풀잎으로써 밥그릇 모양으로 짓고 4개 정도의 알을 낳는다. 먹이로는 곤충류, 개구리
등을 즐겨 먹는다. 이 종은 나무 꼭대기에서 휴식을 취할 때 꼬리로 원을 그리는 것이
특징이다.
  우리나라 중부 내륙 지방의 논밭이 있는 산림에서 흔히 볼 수 있다.

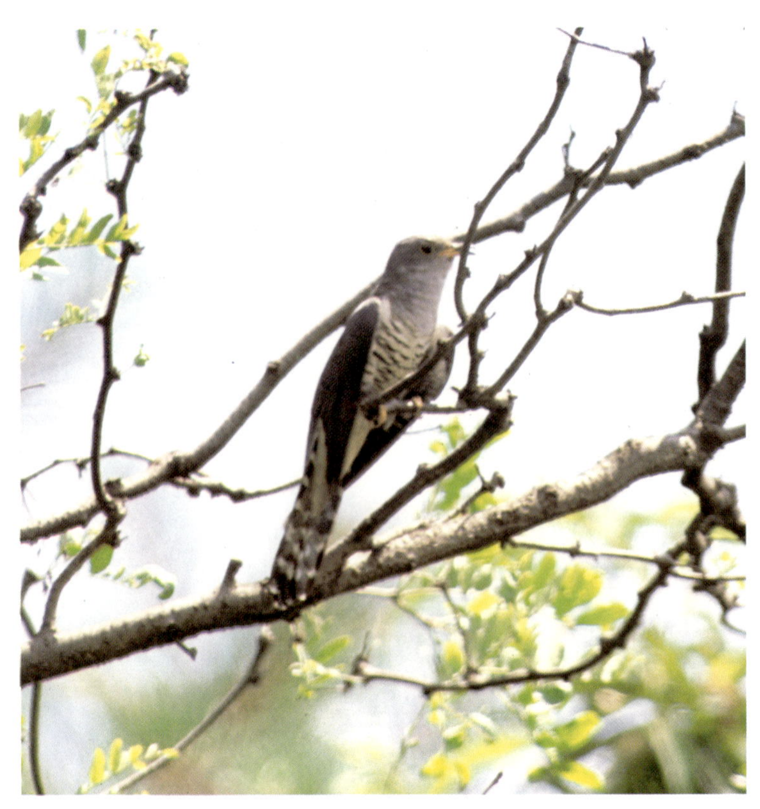

두견이　(영명) Little Cuckoo　(학명) *Cuculus poliocephalus poliocephaius*　(LATHAM)
두견이과에 속하는 종으로 우리나라 전역에 도래하는 비교적 흔한 여름철새이다.
몸 길이는 약 27.5센티미터이며 암수의 깃털은 거의 동일하다. 수컷의 머리와 몸
윗면은 석판 잿빛(암컷은 다소 엷은 색)이며 턱밑과 윗가슴은 잿빛이다. 아래 가슴과
배는 흰색으로 드문드문 검은 갈색의 가로띠가 있다(암컷은 붉은 갈색을 띤다). 부리
는 검은색이고 다리는 황색이다.
둥우리는 직접 만들지 않고 휘파람새, 산솔새 등의 둥우리에 알을 위탁해서 기른다.
먹이는 곤충류와 다족류이다.
우리나라의 야산이나 구릉 또는 농경지의 독립수에 앉아 있는 것을 볼 수 있다.

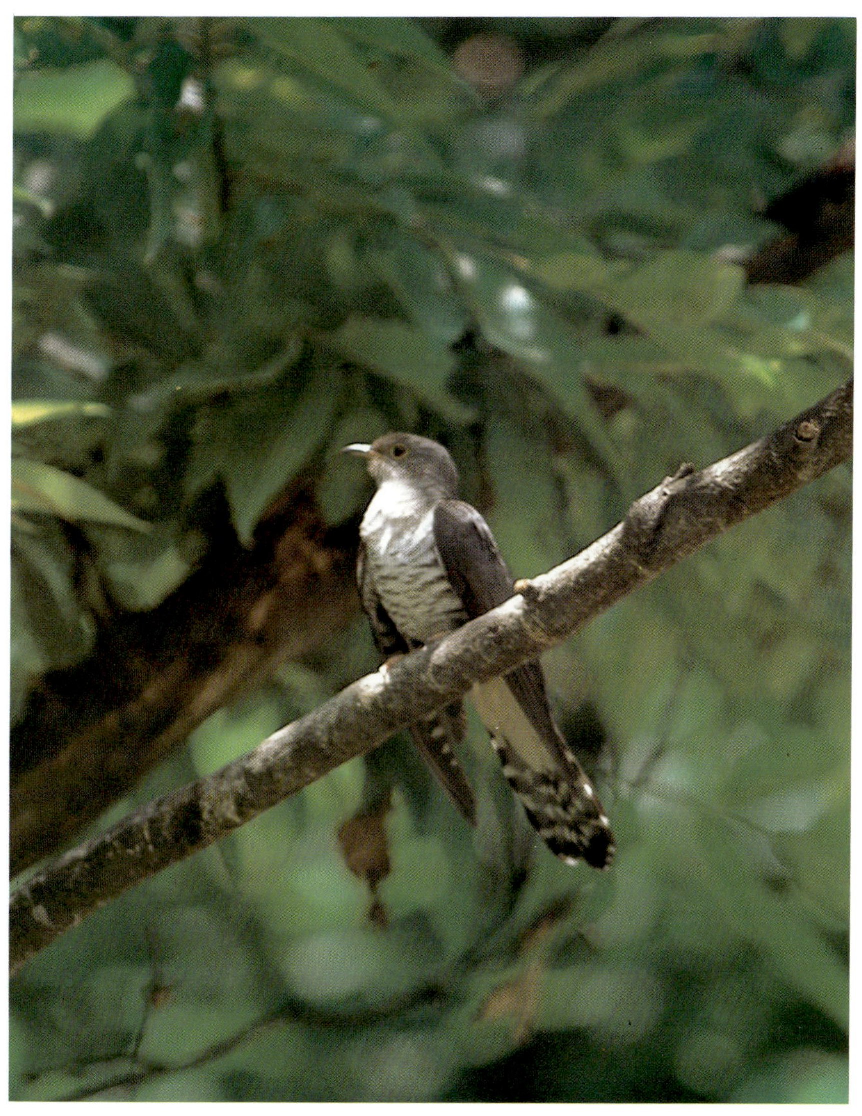

나그네새의 종류

인가 및 야산, 습지, 경작지의 나그네새

나그네새는 소련의 시베리아와 북만주, 몽고 등에서 번식하고 가을에 우리나라를 지나 동남 아시아에서 겨울을 난 뒤 이듬해 봄에 우리나라를 거쳐 다시 번식지로 찾아가는 새이다.

나그네새들은 봄, 가을에 월동지와 번식지를 가기 위해서 우리나라를 잠깐 거쳐가는 새이기 때문에 다른 철새들에 비해 관찰하기 어려운 조류이다.

내륙 지방에서 볼 수 있는 종류로는 멧새류인 꼬까참새, 촉새, 흰배멧새 등이 대표적이며 그 밖에 진홍가슴, 제비딱새, 갈색제비, 솔딱새 등은 평지의 야산이나 경작지 부근에서 매우 드물게 볼 수 있다.

나그네새들의 이동 시기에는 주로 산림보다는 해안, 습지, 야산, 경작지 등을 중심으로 가장 많이 찾아온다. 또한 나그네새의 대부분은 도요새나 물떼새가 가장 많은 종류를 차지하고 있다.

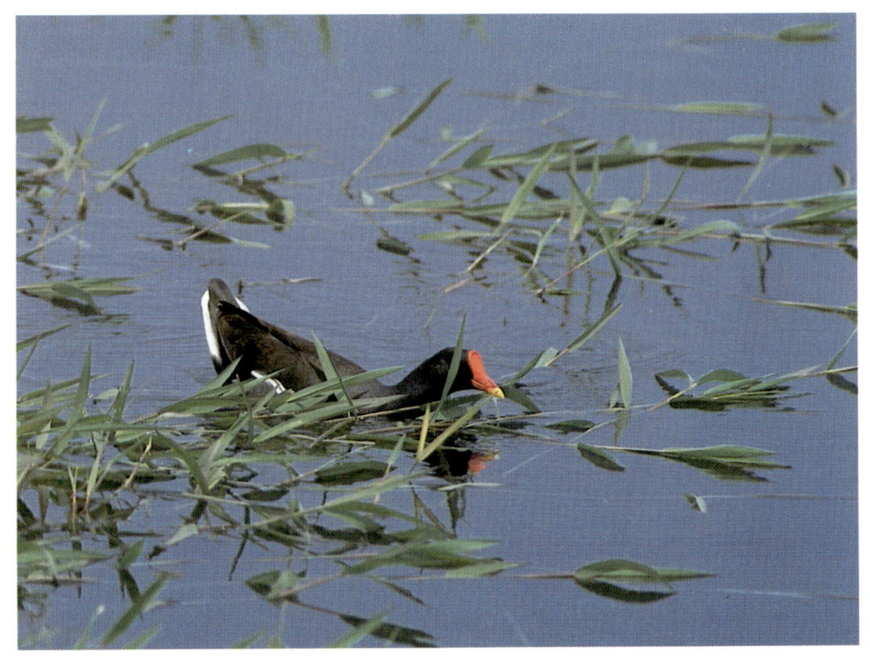

쇠물닭 （영명） Common Gallinule　（학명） *Gallinula chloropus indica*　（BLYTH）
　뜸부기과에 속하는 종으로 봄과 가을에 우리나라를 지나가는 나그네새이다.
　몸 길이는 약 32센티미터이며 암수의 깃털은 거의 동일하다. 머리 꼭대기, 뒷머리,
뒷목은 흐린 검은색이고 어깨, 등은 진한 검은색이다. 가슴과 배는 진한 회색이다.
부리는 선명한 붉은색으로 끝이 황색이며 다리는 황록색이다.
　주로 연못, 농경지, 물이 괸 곳, 하구, 하천의 지류 등에서 산다. 둥우리는 마른 풀잎
과 푸른 잎을 수면 위에 쌓아올려 만들고 5 내지 10개의 알을 낳는다. 먹이로는 식물
의 종자, 곤충류, 환형 동물, 연체 동물 등을 즐겨 먹는다.
　우리나라의 전국 일원에서 볼 수 있고 적은 수가 겨울에 경남 김해 명지와 부산,
낙동강 하구의 장림 앞 등지에서 겨울을 나고 있다.

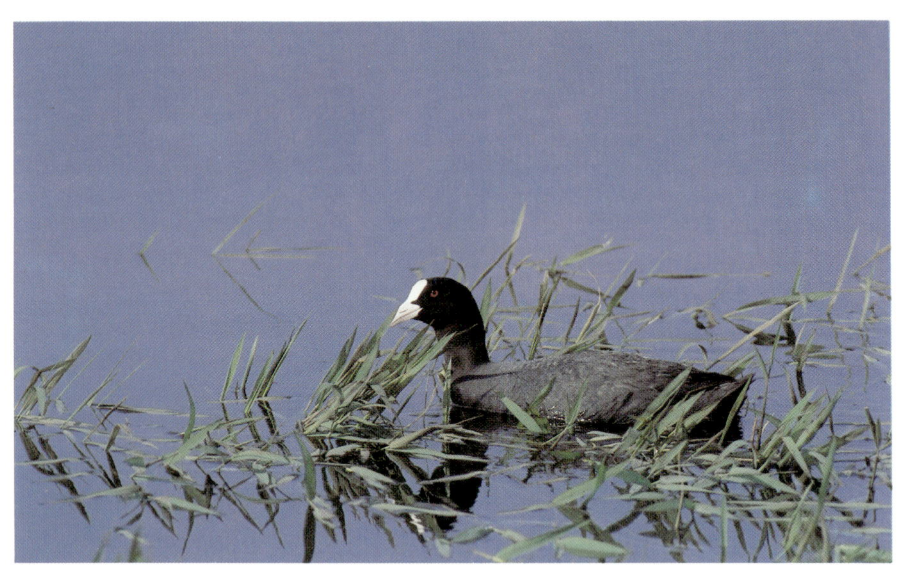

물닭 (영명) Coot (학명) *Fulica atra atra* (LINNAEUS)

뜸부기과에 속하는 종으로 봄과 가을에 우리나라를 지나가는 나그네새이다.
몸 길이는 약 39센티미터이며 몸 전체의 깃은 검은색이다. 부리에서 머리 꼭대기까지
는 흰색이며 둔하게 생긴 다리는 오렌지색이다. 발가락 사이에는 어두운 회색의 물갈
퀴가 있다.
내륙의 저수지, 연못 등에서 오리 떼와 무리를 지어 산다. 둥우리는 물가의 갈대나
줄풀 속에 짓고 6 내지 10개의 알을 낳는다. 먹이로는 벼와 보리의 어린잎, 수초인
마름, 곤충, 작은 물고기를 즐겨 먹는다.
우리나라에서는 5월과 9월을 전후하여 전국의 강, 호수, 저수지의 가장자리 어디에서
나 볼 수 있으나 최근 충남 서해의 아산호, 경기도 팔당호수의 갈대밭 등에서 적은
수가 번식한다.

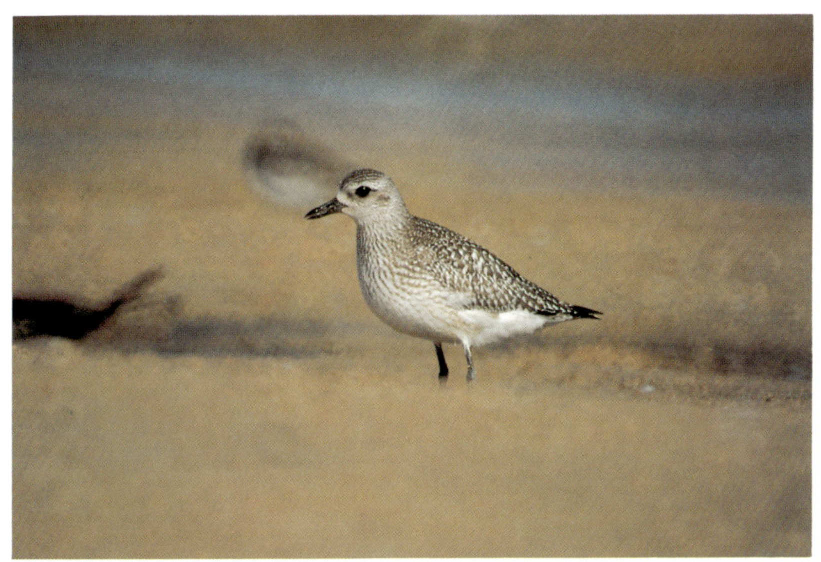

개꿩 （영명） Black-bellied Plover　（학명） *Pluvialis sguatarola*　（LINNAEUS）
　물떼새과에 속하는 중형의 종으로 봄과 가을에 우리나라를 지나가는 나그네새이며,
적은 무리가 남해안의 늪지대에서 월동을 한다.
　몸 길이는 약 29.5센티미터이며 암수의 깃털은 거의 동일하나 깃이 겨울과 여름에
약간 다르다. 여름에는 깃의 목 아래부터 배까지 검은색이며, 등과 어깨는 검은색이
나 각 깃의 끝에는 노랑색의 얼룩 무늬가 있다. 겨울에는 깃의 머리 꼭대기부터 꼬리
까지 검은색으로 각 깃의 끝이 노랑색이며, 턱밑과 윗가슴은 회갈색이다. 가슴 아랫
면은 흰색이다. 부리는 검은색이나 다리는 어두운 갈색이다.
　주로 해안의 간척지, 삼각주, 초습지 등에서 살며 4개 정도의 알을 낳는다. 먹이로는
지렁이, 새우, 곤충류, 식물의 씨를 즐겨 먹는다.
　우리나라에서는 낙동강 하구의 개펄, 속초 청초호의 양 다리 등에서 볼 수 있고 적은
수가 남부 지방의 습지에서 겨울을 나고 있다.

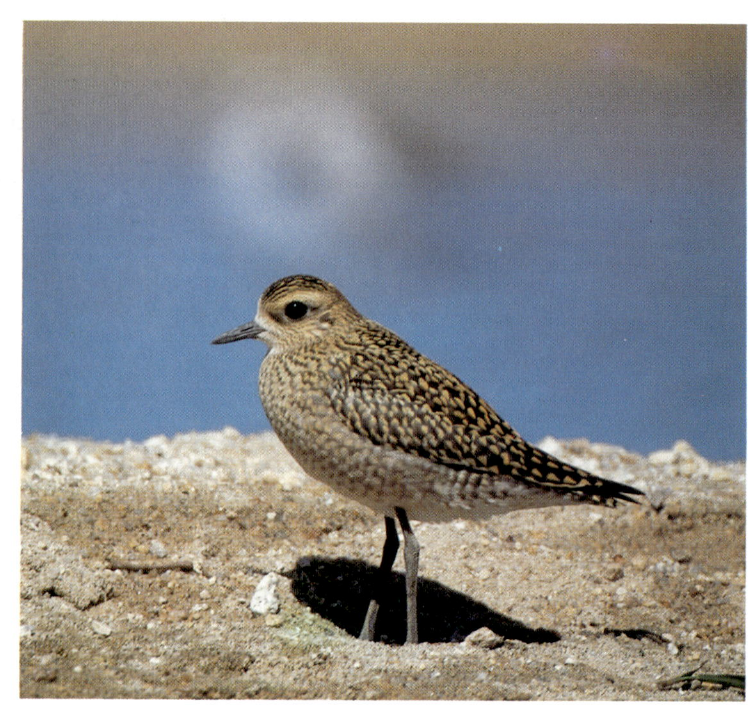

검은가슴물떼새　(영명) Lesser Golden Plover
(학명) *Pluvialis dominica fulva*　(GMELIN)

물떼새과에 속하는 중형의 종으로 봄과 가을에 우리나라를 지나가는 나그네새이다.
몸 길이는 약 24센티미터이며 암수의 깃털은 거의 동일하나 깃이 겨울과 여름에
약간 다르다. 여름에는 깃의 턱밑부터 배 부분까지 검은색이며 등과 허리도 검은색이
나 깃털의 끝에는 황색 얼룩 무늬가 있다. 옆구리는 흰색이다. 겨울의 깃은 머리 꼭대
기부터 꼬리까지는 검은색으로 각 깃털의 끝이 노랑색이며 턱밑과 윗가슴은 회갈색이
다. 가슴 아랫면은 흰색이다. 부리는 검은색이며 다리는 어두운 갈색이다.
주로 강 하구, 해안의 개펄, 모래밭, 염전 주변의 초습지에서 산다. 둥우리는 땅 위의
오목하게 들어간 곳에다 짓고 4개 정도의 알을 낳는다. 먹이로는 곤충류, 지렁이,
갑각류, 식물의 종자 등을 먹는다.
우리나라에서는 전국의 강 하구, 해안의 개펄과 모래밭 등에서 볼 수 있고, 도래지는
낙동강 하구의 을숙도, 한강, 속초의 청초호의 양 다리 등이다.

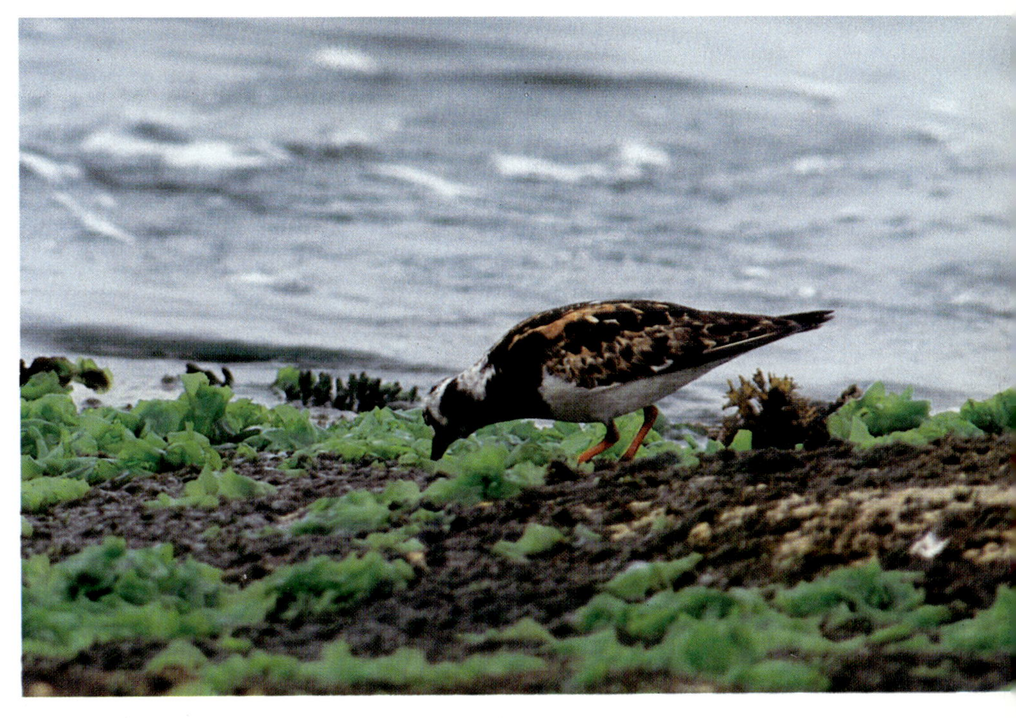

꼬까도요　（영명）Ruddy Turnstone　（학명）*Arenaria interpres interpres*　（LINNAEUS）
도요과에 속하는 작은 종으로 봄과 가을에 적은 무리가 우리나라를 지나가는 나그네
새이다. 또한 나그네새 가운데 매년 8월 중순이면 우리나라에 가장 먼저 찾아온다.
몸 길이는 약 22센티미터이며 암수의 깃털은 동일하다. 우리나라를 찾아올 때는 대부
분이 겨울 깃의 색을 띠고 있다. 겨울 깃의 머리 꼭대기부터 꼬리까지는 흑갈색이며
각 깃털의 끝은 흐린 갈색이다. 턱밑은 흰색이며 가슴과 목 아랫부분은 검은색을
띠고 있다. 부리는 흑갈색이며 다리는 붉은색과 황색으로 되어 있다.
주로 해안가의 썩은 물이 고인 곳, 개펄, 사용하지 않는 염전 등에서 산다. 둥우리는
모래밭의 오목한 곳에다 짓고 3, 4개의 알을 낳는다. 먹이로는 지렁이, 새우, 곤충류
등을 즐겨 먹는다.
우리나라에서는 봄에 북상할 때보다 가을에 남하할 때 쉽게 볼 수 있다. 도래지는
낙동강 하구, 인천 부근의 염전가, 속초 청초호의 양 다리, 동해안 등이다.

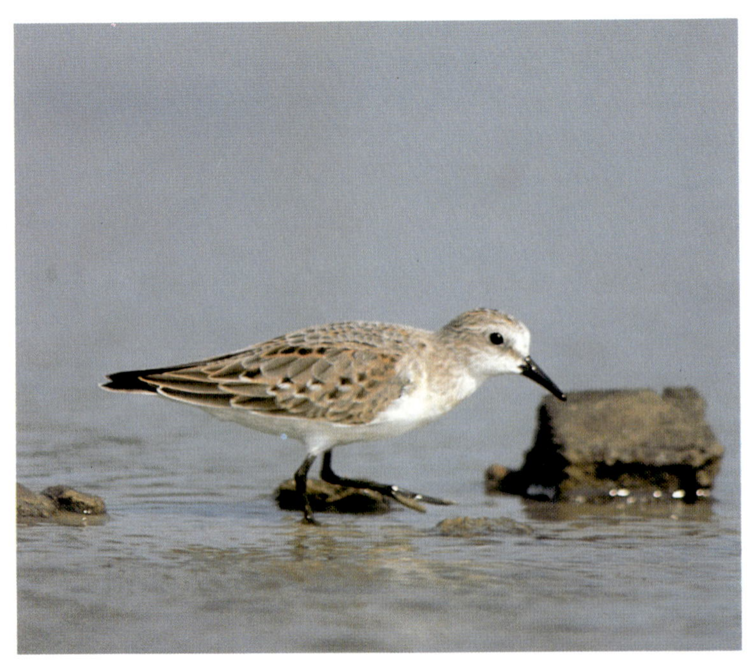

좀도요 (영명) Red-necked Stint (학명) *Calidris ruficollis* (PALLAS)

도요과에 속하는 가장 작은 종으로 봄과 가을에 작은 도요새 무리에 섞여 우리나라를 지나가는 나그네새이다.

몸 길이는 약 15센티미터이다. 겨울에는 깃의 머리 꼭대기, 등, 날개에 흰색과 회색의 작은 반점이 있고 목 아래, 가슴, 배는 흰색을 띠고 있다. 여름에는 머리, 목, 등 부분이 황토색으로 변한다. 부리와 다리는 검은색이다.

주로 강 하구, 해안의 개펄, 염전가, 해안가의 얕은 물이 고인 곳에서 산다. 둥우리는 습지의 풀숲에다 만들며 4개 정도의 알을 낳는다. 먹이로는 지렁이, 패류, 곤충류를 즐겨 먹는다.

우리나라의 봄과 가을철에 부산 낙동강 하구, 경기도 인천 해안의 개펄, 속초 청초호의 양 다리에서 볼 수 있다.

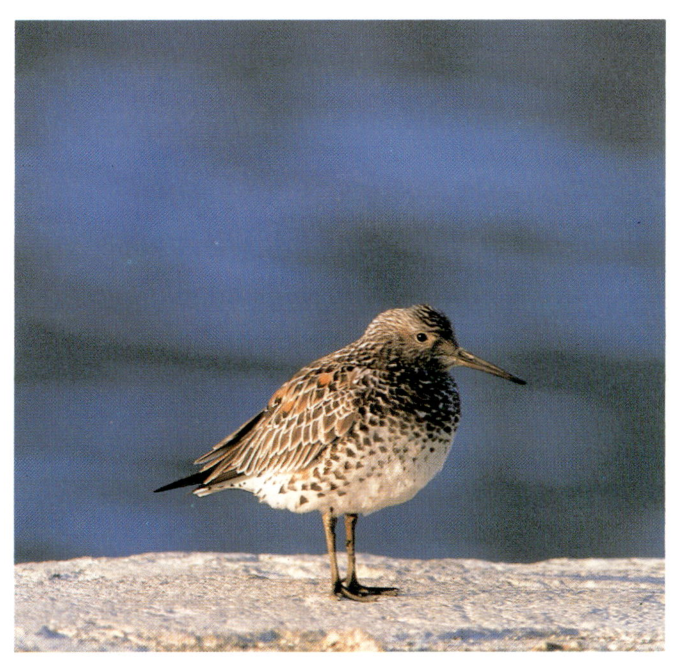

붉은어깨도요 　(영명) Great Knot 　(학명) *Calidris tenuirostris* 　(HORSFIELD)
　도요과에 속하는 큰 종으로 봄과 가을에 우리나라를 지나가는 나그네새이다.
　몸 길이는 약 28.5센티미터 정도이다. 여름에 깃의 머리는 흰색과 회색의 바탕에 검은색의 작은 반점이 있고 턱밑은 흰색이다. 등은 흑갈색이며 곳곳에 적갈색을 띤다. 가슴과 배는 흰색이며, 목에서 가슴 사이에 검은색의 둥근 무늬가 있다.
　주로 강 하구, 해안이나 강가의 개펄, 모래밭, 염전 등에서 살며 가을보다는 봄에 더 많이 볼 수 있다. 둥우리는 암석의 오목한 곳에다 짓고 4개 정도의 알을 낳는다. 먹이로는 곤충류, 지렁이 등을 즐겨 먹는다.
　우리나라에서는 부산 낙동강 하구의 개펄, 인천 송도 부근의 개펄, 경기도 부천 소래의 묵은 염전, 속초 청초호의 양 다리, 강화도 미루지(동막) 해안가 등에서 볼 수 있다.

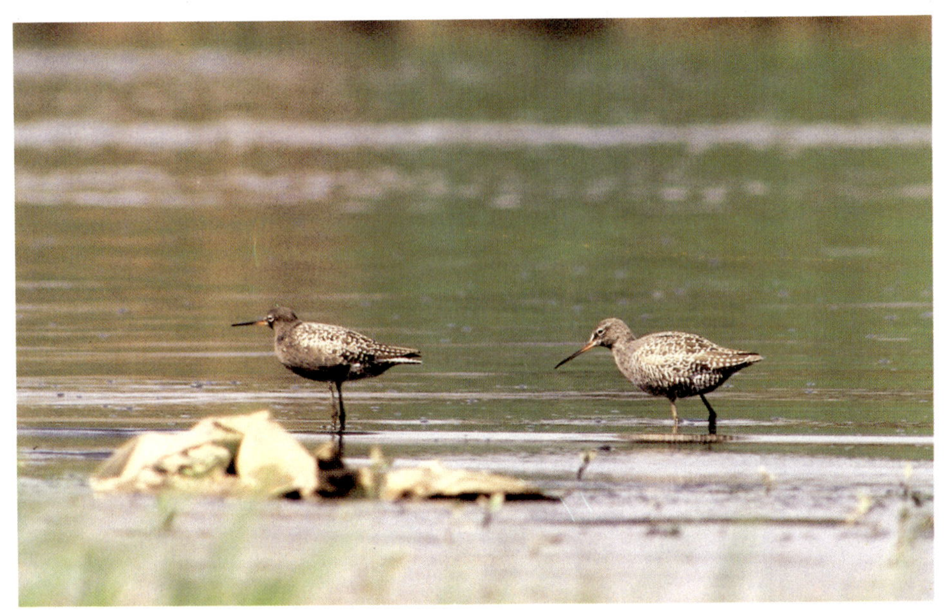

학도요 （영명） Spotted Redshank 　（학명） *Tringa erythropus* 　（PALLAS）
　도요과에 속하는 중형의 종으로 봄과 가을에 적은 수가 우리나라를 지나가는 나그네
새이다.
　몸 길이는 약 32.5센티미터이며 암수의 깃털은 동일하다. 여름에 깃의 머리는 검은색
이며 턱밑은 흰색이다. 어깨와 등은 검은색으로 각 깃의 끝은 흰색을 띠며 가슴과
배는 검은색이다. 부리는 흑갈색이고 유난히 긴 다리가 붉은색을 띠고 있어 쉽게
구별할 수 있는 종이다.
　주로 강가 부근의 습지, 물이 고인 논, 염전, 해안가의 습지에서 살며 4개 정도의
알을 낳는다. 먹이로는 곤충류, 작은 패류, 새우 등을 즐겨 먹는다.
　우리나라에서는 경기도 행주산성 주변의 논, 속초 청초호의 양 다리 밑, 해안가의
갯벌에서 볼 수 있다.

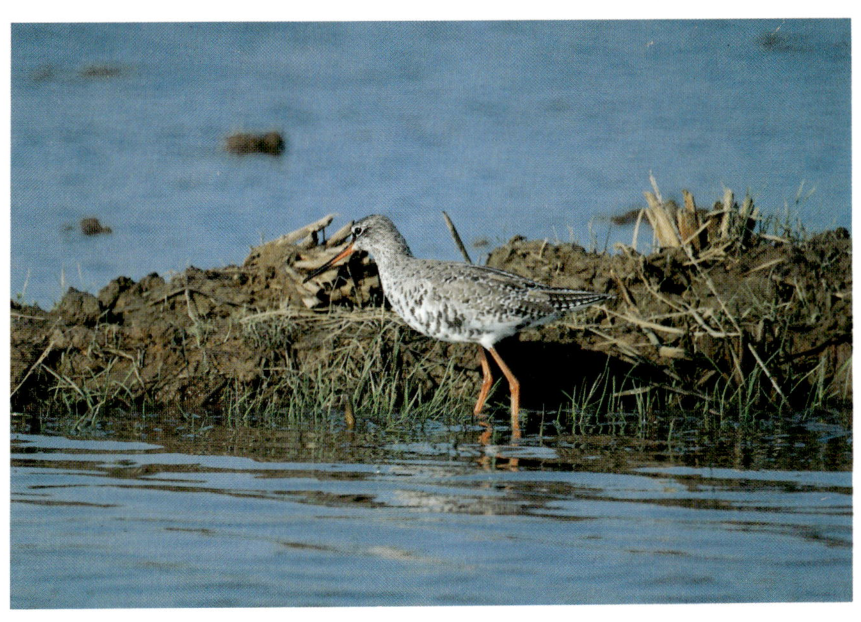

붉은발도요　（영명）Redshank　（학명）*Tringa totanus eurhinus*　（OBERHOLSER）
　　도요과에 속하는 중형의 종으로 봄과 가을에 우리나라를 지나가는 보기 드문 나그네
새이다.
　　몸 길이는 약 32.5센티미터이며 암수의 깃털은 같다. 여름에는 깃의 머리 부분이
갈색이며 턱밑부터 배까지 흰색에 어두운 갈색의 세로 무늬가 있다. 등은 흐린 적갈
색으로 흑갈색의 반점이 있다. 부리는 검은색이며 다리는 오렌지빛의 붉은색이다.
겨울에는 깃의 몸 윗면은 어두운 회갈색이고 아랫면은 흰색이다.
　　해안가의 습지나 간척지, 염전, 하구의 삼각주 등에서 산다. 둥우리는 하천과 호수가
의 풀밭 위의 오목한 곳에다 짓고 4개 정도의 알을 낳는다. 먹이로는 곤충류를 즐겨
먹는다.
　　우리나라의 해안이나 강가의 전역에서 볼 수 있다.

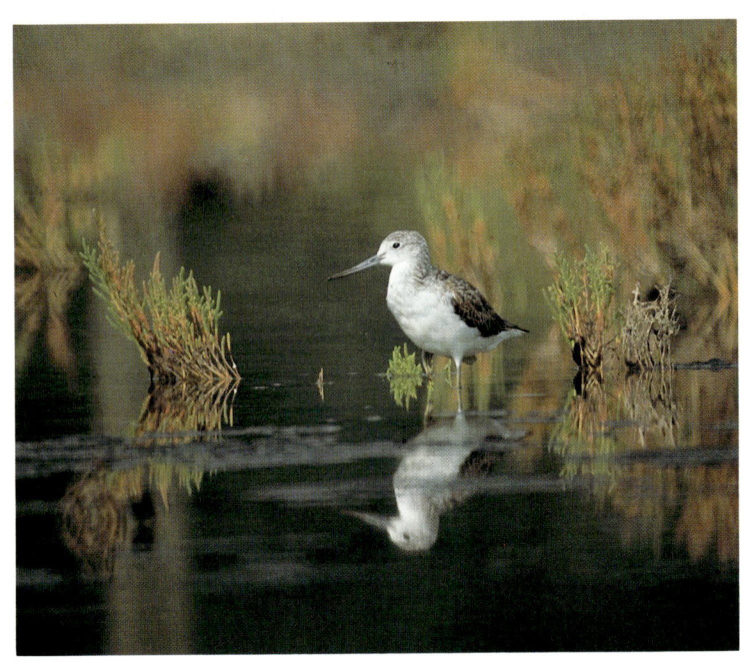

청다리도요 (영명) Greenshank (학명) *Tringa nebularia* (GUNNERUS)
　도요과에 속하는 중형의 종으로 봄과 가을에 우리나라를 지나가는 나그네새이다.
몸 길이는 약 35센티미터이며 암수의 깃털은 거의 같다. 머리 꼭대기부터 등까지는
흐린 회색으로 덮여 있고, 목 아래부터 가슴과 배 부분은 다른 도요새에 비해 흰색을
띠고 있다. 부리는 검은색이며 몸에 비해 긴 다리는 청색을 띠고 있다. 이 종의 특징
은 울음 소리가 맑고 크다.
　주로 개펄, 호수나 강가의 가장자리에서 살며 4개 정도의 알을 낳는다. 먹이로는 곤충
류, 올챙이, 작은 물고기를 잡아먹는다.
　우리나라에서는 봄보다 가을에 인천 송도 부근의 개펄, 속초 청초호의 양 다리 밑에
서 볼 수 있다.

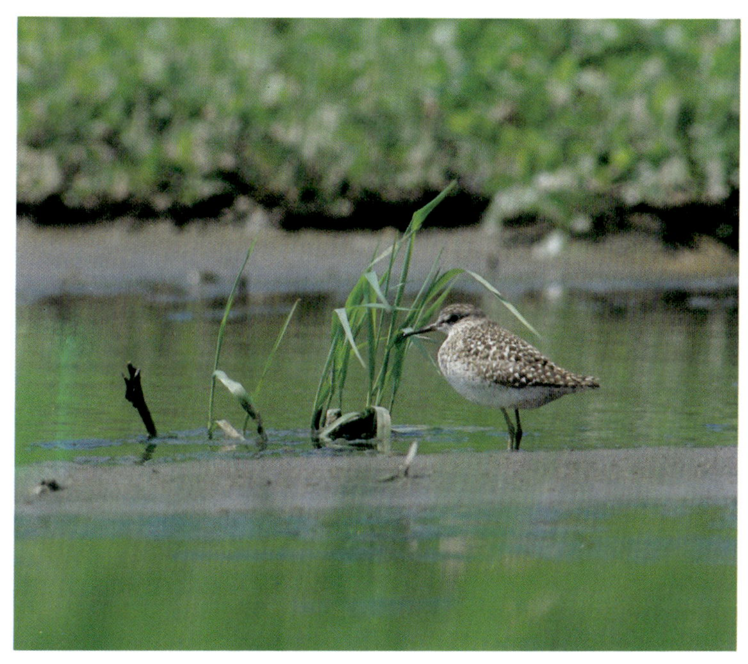

알락도요　(영명) Wood Sandpiper　(학명) *Tringa glareola*　(LINNAEUS)

　도요과에 속하는 작은 종으로 봄과 가을에 도요새 무리와 함께 우리나라를 지나가는 나그네새이다.

　몸 길이는 약 21.5센티미터로 작은 무리 가운데서는 큰 편에 속한다. 머리는 흰색으로 검은 반점이 있고 턱밑은 흰색이다. 어깨와 등은 흑갈색으로 흰색 얼룩 무늬가 있고 가슴과 배는 흰색에 검은 갈색의 얼룩 무늬가 있다. 부리는 거무스름한 색이며 다리는 노랑색과 황색이다.

　주로 해안의 개펄보다는 사용하지 않는 염전, 강가에서 산다. 둥우리는 물가의 풀숲에다 짓고 4개 정도의 알을 낳는다. 먹이로는 곤충류, 작은 조개류를 즐겨 먹는다.

　우리나라의 봄철보다는 가을철에 경북 울진의 왕피천, 서울 한강의 난지도, 충남 예산의 저수지에서 볼 수 있다.

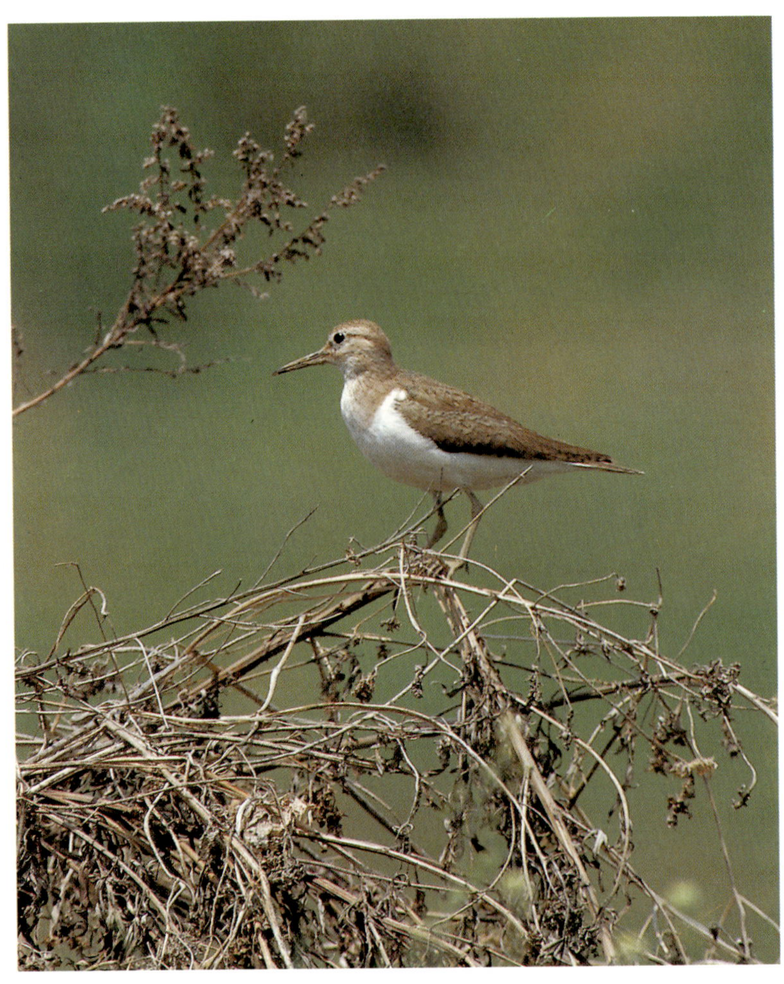

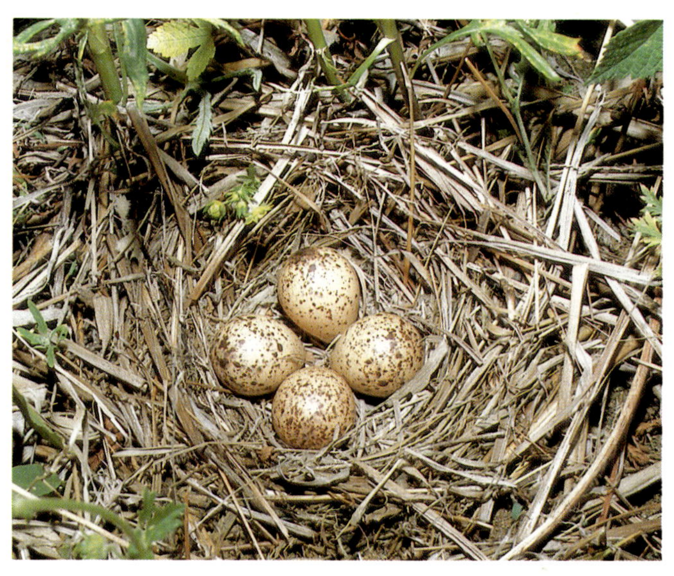

깝작도요 （영명） Common Sandpiper （학명） *Tringa hypoleucos* （LINNAEUS）

도요과에 속하는 종으로 봄과 가을에 우리나라를 지나가는 흔한 나그네새이다.
몸 길이는 약 20센티미터이며 여름과 겨울에 깃은 약간씩 다르다. 여름에는 머리에서
등까지 구릿빛 갈색으로 검은색의 가는 선이 있고, 가슴과 배는 흰색으로 윗가슴에는
갈색의 세로 얼룩 무늬가 있다. 겨울에는 등 바깥쪽 부분에 어두운 색의 가는 얼룩
무늬가 있으며 윗가슴에는 얼룩 무늬가 없다. 부리는 어두운 갈색이고 다리는 황갈색
이다.
해안의 암초, 내륙의 개울, 해변의 물이 고인 곳에서 산다. 둥우리는 모래와 자갈이
있는 곳, 나무 뿌리 등의 오목한 곳에다 짓고 3 내지 4개의 알을 낳는다. 먹이로는
곤충류를 주로 먹으며 작은 패류, 거미류 등도 포식한다. 이 종은 목을 좌우로 흔들면
서 걷다가 꼬리를 위아래로 까딱거리는 것이 특징이다.
우리나라의 전국 일원에서 흔히 볼 수 있으며, 일부는 남부 지방에서 겨울을 나고
있다.

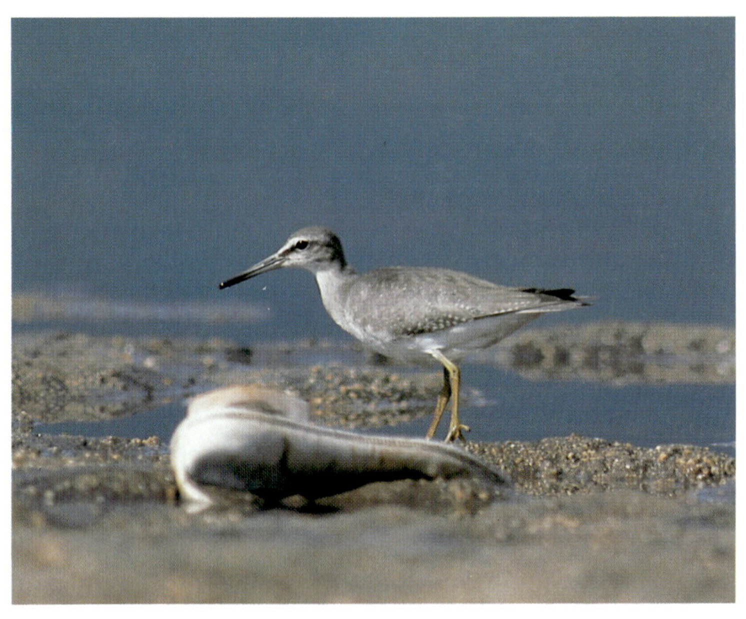

노랑발도요 (영명) Gray-tailed Tattler (학명) *Tringa brevipes* (VIEILLOT)

도요과에 속하는 종으로 봄과 가을에 우리나라를 무리지어 지나는 나그네새이다.
몸 길이는 약 27센티미터이며 여름에 암컷과 수컷의 깃은 머리 꼭대기, 뒷머리, 뒷
목, 눈 앞은 더러운 잿빛 쥐색이다. 부리는 곧으며 흑색이고 다리는 황색이다. 날
때에는 회색의 배면을 보여 주며 날개는 길어 보이고 천천히 불규칙적으로 펄럭인
다. 휴식 때에 까딱까딱하는 머리와 몸짓은 독특하다. 울음 소리는 '피—위—' 하고
울며 경계음은 '튀—이' 또는 '튀' 하고 낸다.
주로 해안의 간척지, 개펄, 하구, 염전, 논, 초습지 등 물가에 무리지어 도래한다. 먹이
로는 동물성인 연체 동물, 갑각류, 작은 물고기, 곤충류 등을 먹는다.
우리나라에서는 동해안의 속초, 경남 부산, 거제도, 제주도 등의 해안 도서 지방에서
이동 시기에 주로 볼 수 있다.

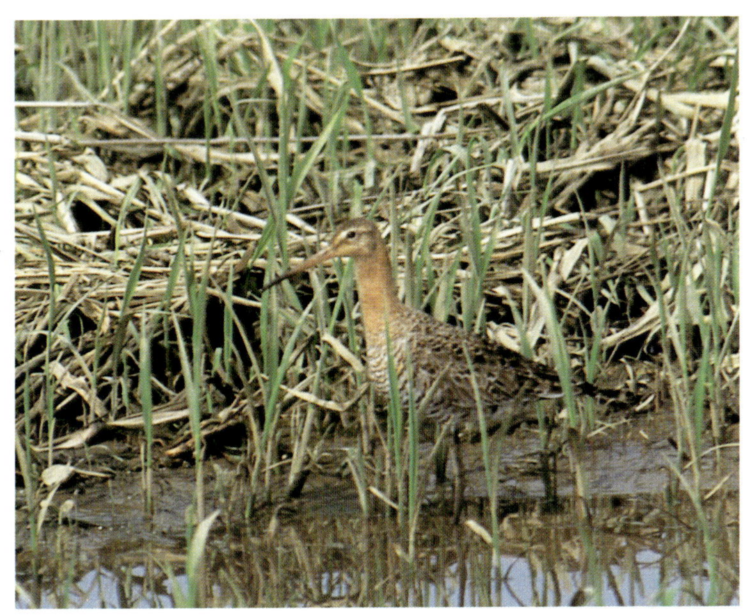

흑꼬리도요 （영명） Black-tailed Godwit

（학명） *Limosa limosa melanuroides* （GOULD）

도요과에 속하는 중형의 종으로 봄과 가을에 작은 도요새 무리와 함께 우리나라를 지나가는 나그네새이다.

몸 길이는 약 38.5센티미터이며 암수의 깃털은 동일하다. 겨울에 머리는 흐린 회색과 검은색이며 목은 흐린 밤색이다. 가슴과 등은 흐린 회색이며 배는 흰색이다. 여름에는 머리와 등에 진한 녹슨 색을 띠며 배 부분은 흐린 붉은색을 띤다. 긴 부리의 끝은 검은색, 중간 부분은 살색, 다리는 검은색이다. 꼬리의 끝에 흑색 띠가 있는 것이 이 종의 특징이다.

주로 물이 고인 염전, 해안의 개펄, 샛강의 개펄에서 살며, 건조한 초지의 오목한 곳에다 4개 정도의 알을 낳는다. 먹이는 곤충류, 지렁이, 식물의 열매 등을 즐겨 먹는다.

우리나라의 봄과 가을철에 경기도 소래의 염전, 부산 낙동강 하구, 강화도의 미루지 （여차리） 등의 개펄에서 볼 수 있다.

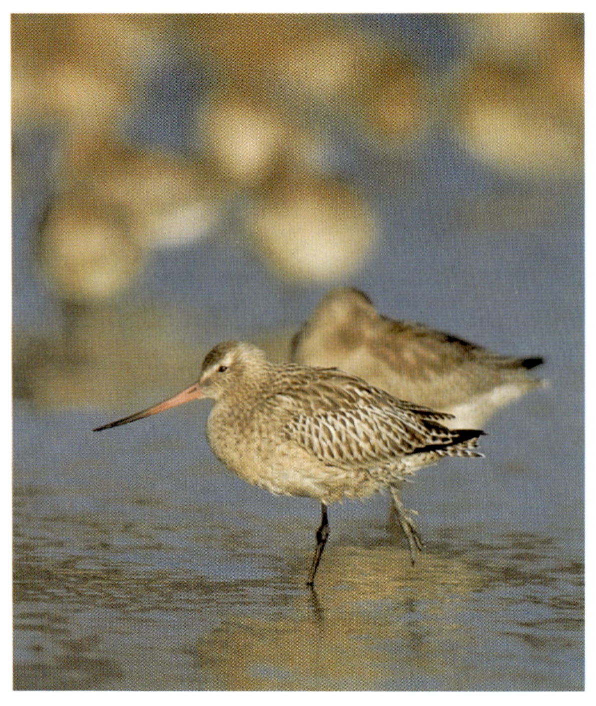

큰뒷부리도요   (영명) Bar-tailed Godwit
(학명) *Limosa lapponica baueri*   (NAUMANN)

도요과에 속하는 종으로 5월과 10월 초순에 우리나라를 지나가는 나그네새이다.
몸 길이는 약 41센티미터이며 암수의 깃털은 동일하다. 여름에는 머리 꼭대기에서
등까지는 흑갈색이며 각 깃의 끝은 붉게 녹슨 색이다. 가슴과 배는 진한 적갈색이
다. 북상하는 봄철에는 대체로 몸 전체에 진한 녹슨 색을 띤다. 검은색의 부리가 위로
약간 올라가고 넓적한 것이 이 종의 특징이며 다리도 검은색이다.
주로 묵은 염전, 강가, 주변의 물 고인 논에서 무리를 지어 산다. 둥우리는 작은 소택
지나 연못가의 땅 위 오목한 곳에다 짓고 4개 정도의 알을 낳는다. 먹이로는 개펄에
서 수서 동물, 게 등을 잡아먹는다.
우리나라의 봄과 가을철에 부산 낙동강 하구의 개펄, 경기도 행주산성, 한강의 난지
도 주변, 강화도의 미루지(여차리) 등에서 볼 수 있다.

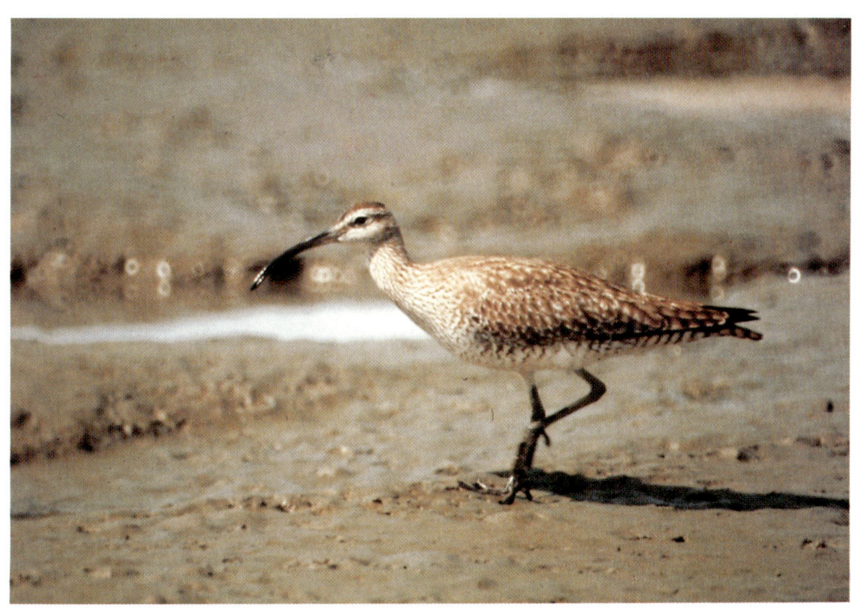

중부리도요　　(영명) Whimbrel　　(학명) *Numenius phaeopus variegatus*　　(SCOPOLI)
　도요과에 속하는 종으로 5월과 10월 초순을 전후하여 우리나라를 지나가는 나그네새
이다.
　몸 길이는 약 41센티미터이며 암수의 깃털은 동일하다. 이마와 머리 꼭대기는 흑갈색
이며 머리 중앙에 흰색의 띠가 있다. 턱밑은 흰색이며 어깨와 등은 어두운 갈색이
다. 가슴과 배는 흰색에 어두운 갈색의 반점이 있다. 긴 부리는 검은색과 노랑색을
약간 띠며 다리는 푸르스름한 회색이다.
　주로 해안이나 강가의 개펄, 묵은 염전 등에서 한두 마리가 단독 생활을 하며 4개
정도의 알을 낳는다. 먹이로는 작은 어류, 지렁이류, 곤충류, 작은 조개류 등을 다양하
게 먹는다.
　우리나라의 봄과 여름철에 인천 앞바다, 낙동강 하구의 삼각주, 속초 청초호의 양
다리 밑 등 갯벌에서 볼 수 있다.

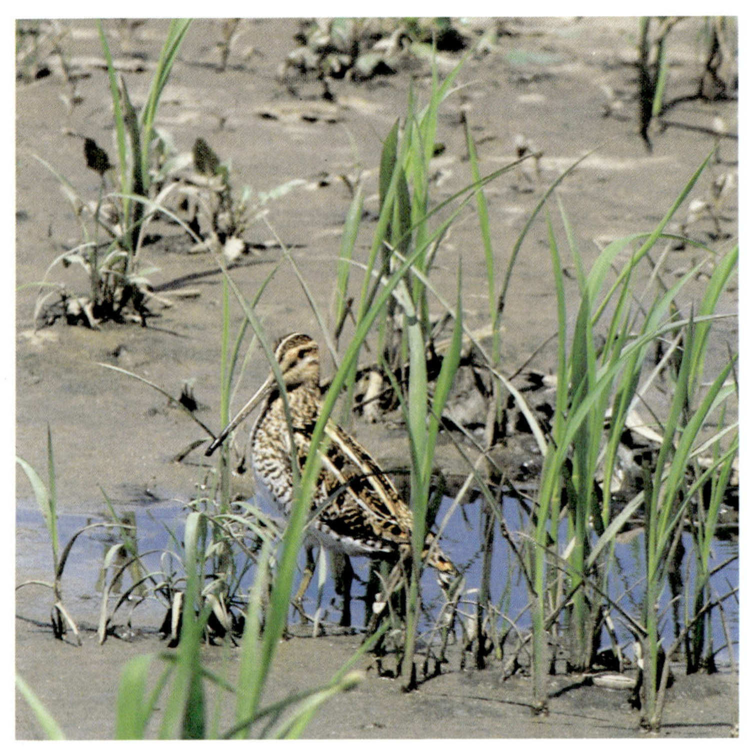

깍도요　(영명) Common Snipe　(학명) *Gallinago gallinago gallinago*　(LINNAEUS)
　도요과에 속하는 종으로 봄과 가을에 우리나라를 지나가는 나그네새이며, 일부는 중부 이남 지방에서 월동을 한다.
　몸 길이는 약 27센티미터이며 암수의 깃털은 동일하다. 머리에는 진한 흑갈색의 선이 두 줄 그어져 있고, 그 사이에는 흐린 황갈색의 중앙선이 있다. 등은 진한 흑갈색에 붉은 얼룩 무늬가 있다. 가슴은 흐린 황갈색으로 갈색의 얼룩 무늬가 있고, 배는 흰색이다. 부리는 흐린 갈색으로 끝은 검은색이며 다리는 푸른색이다.
　주로 해안가, 간척지, 논, 초습지 등 물가에서 산다. 둥우리는 습지의 풀숲 오목한 곳에다 접시 모양으로 짓고 4개 정도의 알을 낳는다. 먹이로는 지렁이, 거미류, 곤충류, 어류 등과 식물의 종자를 즐겨 먹는다.
　우리나라의 봄과 가을철에 강가, 저수지 부근의 습지, 특히 경기도 부천시 소래면 포리의 염전, 인천의 해안가에서 볼 수 있다.

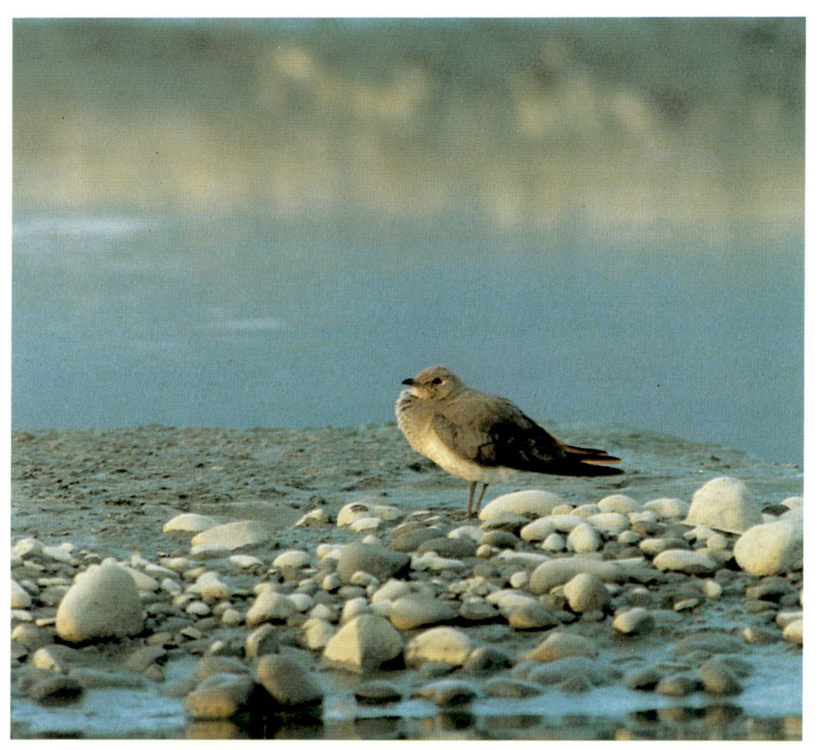

제비물떼새　(영명) Indian Pratincole　(학명) *Glareola maldivarum*　(J.R.FORSTER)

제비물떼새과에 속하는 유일한 종으로 5월과 10월 초순에 적은 수가 우리나라를 지나가는 나그네새이다. 제비와 비슷하게 생겨서 '제비물떼새'라는 이름이 지어졌다. 몸 길이는 약 26.5센티미터이며 암수의 깃털이 동일하다. 머리, 어깨, 등, 가슴은 회갈색으로 붉게 녹슨 색을 띠고 턱밑은 황갈색에 검은색의 띠가 있으며 배는 흰색이다. 구부러진 부리와 다리는 모두 검은색이다.

주로 개펄에서 사나 적은 수의 무리는 메마른 땅에서도 산다. 이 종은 둥우리를 틀지 않고 직접 땅 위에 알을 낳는 것이 특징이다. 먹이로는 곤충류, 잠자리류, 지렁이 등을 즐겨 먹는다.

우리나라에서는 한강의 난지도 지류의 메마른 땅, 을숙도 개펄 등에서 적은 수를 볼 수 있다.

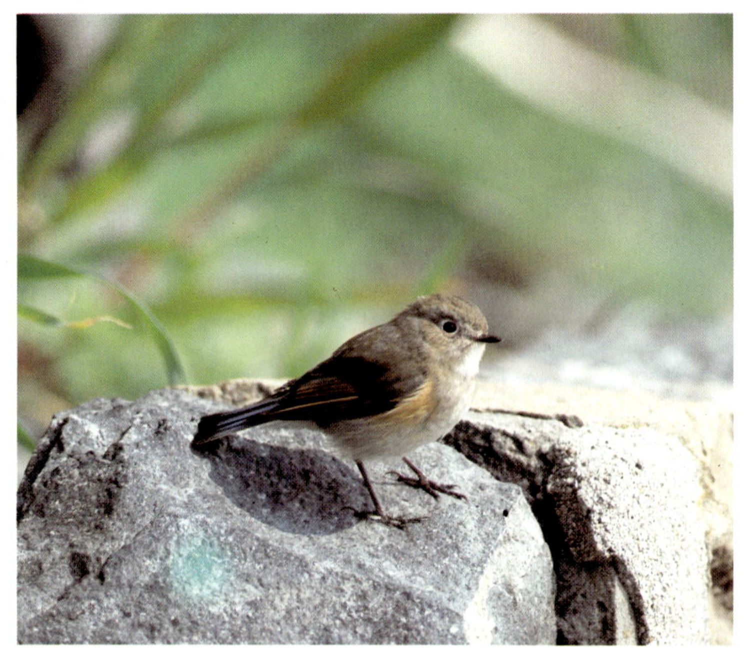

유리딱새 （영명） Siberian Bluechat （학명） *Tarsiger cyanurus cyanurus* （PALLAS）
딱새과에 속하는 종으로 봄과 가을에 우리나라를 지나가는 나그네새이나 일부는
남부 지방에서 월동을 한다.
몸 길이는 약 14센티미터이며 암수의 깃털은 다르다. 수컷의 이마, 머리 꼭대기에서
꼬리까지는 잿빛을 띠는 어두운 푸른색이며 암컷은 어두운 갈색이다. 수컷의 가슴,
배는 흰색을 띠는 황갈색이며 암컷은 흰색이다. 가늘고 짧은 부리는 흑갈색이며 다리
는 어두운 갈색이다.
여름철 또는 이동할 시기에는 단독으로 또는 암수가 함께 생활한다. 둥우리는 쓰러진
나무 밑이나 벼랑에 있는 구멍 속에 짓고 3 내지 6개의 알을 낳는다. 먹이로는 곤충
류, 식물의 열매를 즐겨 먹는다.
우리나라 내륙 지방의 논과 밭 근처의 덤불, 울창한 산림에서 볼 수 있으며, 이동
시기인 봄에는 서해안의 섬에서 많이 볼 수 있다.

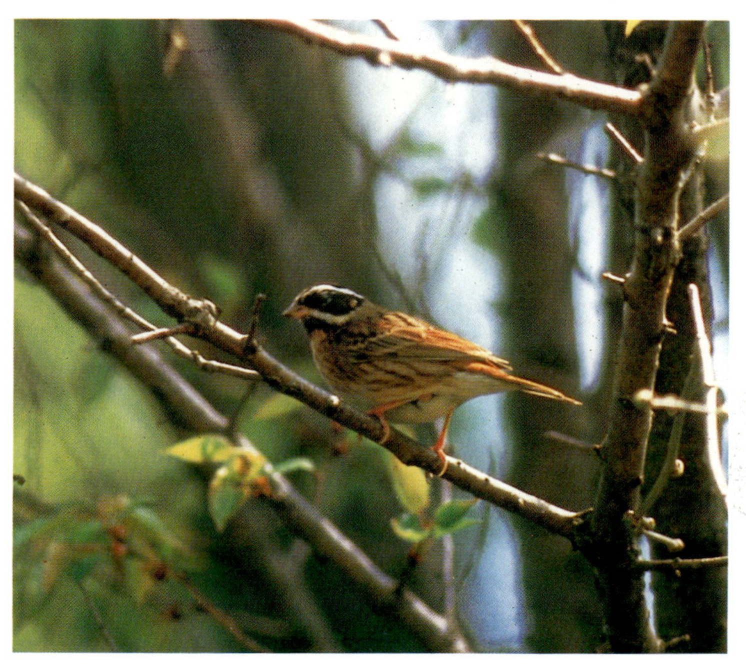

흰배멧새　（영명）Siberian Meadow Bunting　（학명）*Emberiza tristrami*　（SWINHOE）
멧새과에 속하는 종으로 봄과 가을에 우리나라를 지나가는 나그네새이다.
몸 길이는 약 15센티미터이며 암수의 깃털에는 약간의 차이가 있다. 겨울에 수컷의
머리 꼭대기는 검은색이며 황갈색의 중앙선이 머리에 있다. 여름에는 머리 중앙선이
흰색으로 변한다. 수컷의 등은 올리브 갈색으로 검은 갈색의 반점이 있고 암컷의
등은 황갈색이며 축반이 약간 좁다. 수컷의 가슴은 황갈색이며 암컷의 가슴과 몸
옆에는 어두운 색의 희미한 무늬가 있다. 아랫가슴과 배는 흰색이며 부리는 어두운
갈색, 다리는 살색이다.
주로 야산의 낮은 산림이나 덤불, 관목숲에서 산다. 둥우리는 관목의 낮은 나뭇가지
위에 짓고 3개 정도의 알을 낳는다. 먹이로는 곤충류와 잡초의 종자를 주로 먹는다.
우리나라의 논과 밭 부근의 덤불, 개울가의 산림 등에서 볼 수 있다.

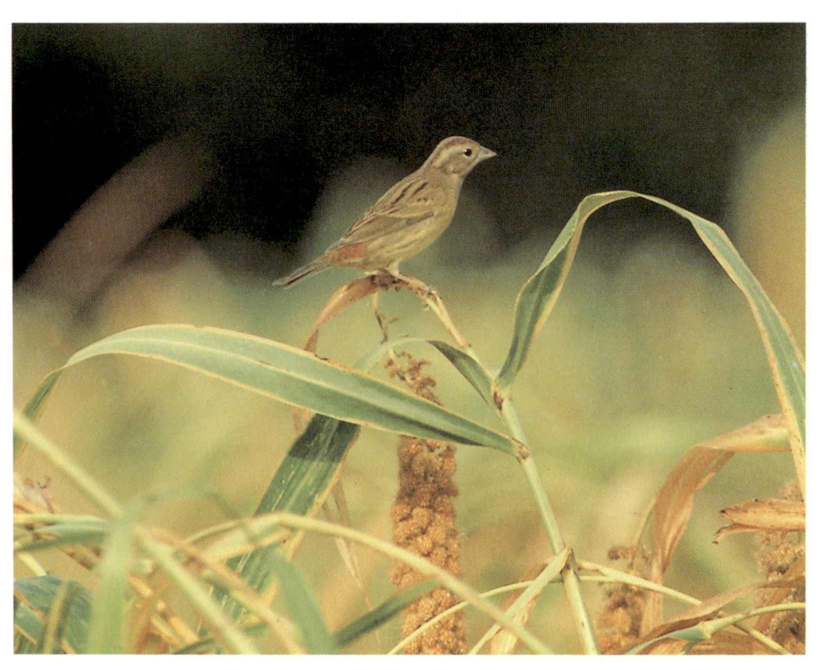

꼬까참새　（영명） Chestnut Bunting　（학명） *Emberiza rutila*　（PALLAS）

멧새과에 속하는 종으로 봄과 가을에 우리나라를 지나가는 나그네새이다.

몸 길이는 약 13.5센티미터이며 암수의 깃털은 약간 다르다. 수컷의 머리, 목, 가슴, 등은 밤색을 띠고 있다. 암컷의 머리와 어깨 사이는 녹갈색으로 검은색의 세로 무늬가 있고 그 밖에는 수컷과 같다. 수컷의 배 부분은 노랑색이며 암컷의 턱부터 배까지는 노랑색으로 갈색의 세로 무늬가 있다. 부리와 다리는 갈색이고 몸 전체가 밤색과 노랑색으로 되어 있어 쉽게 구별할 수 있다.

주로 야산 근처의 논과 밭, 야산의 덤불에서 산다. 가을철에는 조밭, 수수밭, 깨밭 등에서 수백 마리가 무리지어 이동하는 것을 볼 수 있다. 둥우리는 숲속의 땅 위에다 짓고 4 내지 6개의 알을 낳는다. 먹이로는 식물성인 잡초의 종자를 즐겨 먹는다.

우리나라에는 가을철인 9월 말에서 10월 중순에 조밭이 있는 곳에서 흔히 볼 수 있다.

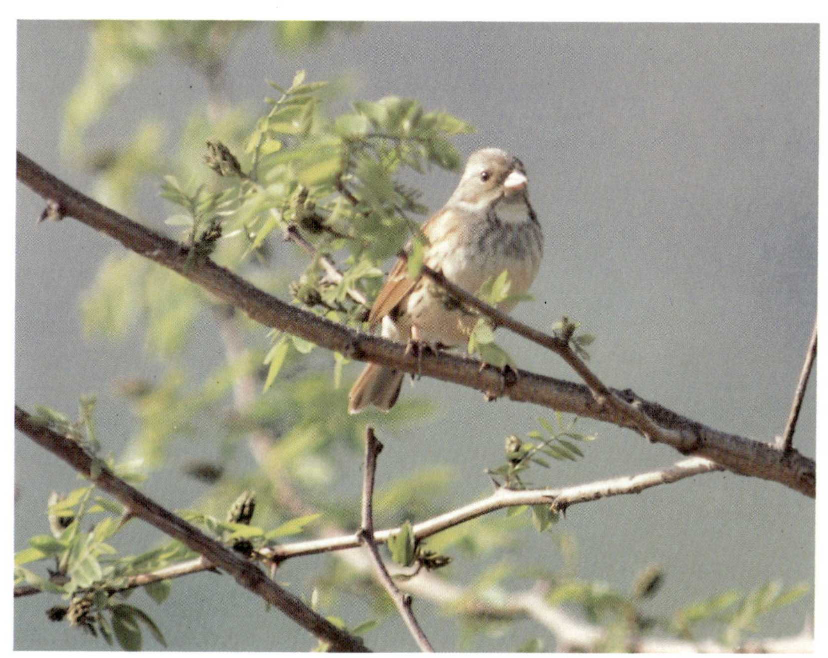

촉새　(영명) Siberia Black-faced Bunting
(학명) *Emberiza spodocephala spodocephala*　(TEMMINCK)
멧새과에 속하는 종으로 봄과 가을에 우리나라를 지나가는 흔한 나그네새이다.
몸 길이는 약 16센티미터이며 암수의 깃털은 거의 동일하다. 이마에서 뒷목까지는
녹회색이며, 등은 황갈색으로 각 깃의 끝에 검은색의 넓은 반점이 있다. 턱밑은 그을
린 검은색이며 이 부분이 넓을수록 늙은 새이다. 가슴, 배, 옆구리는 때문은 노랑색으
로 어두운 갈색의 세로 무늬가 있다. 부리는 갈색이고 다리는 흐린 갈색이다.
주로 경작지, 침엽수림과 낙엽활엽수림, 하천, 개울가, 습지의 물가에서 산다. 둥우리
는 낮은 나무나 땅 위에다 짓고 4, 5개의 알을 낳는다. 먹이로는 잡초의 씨, 낟알,
곤충의 성충 등을 즐겨 먹는다.
우리나라의 섬 지방을 제외한 내륙 지방의 논과 밭 근처에서 매년 9월 말에서 10월
중순에 가장 많이 볼 수 있다.

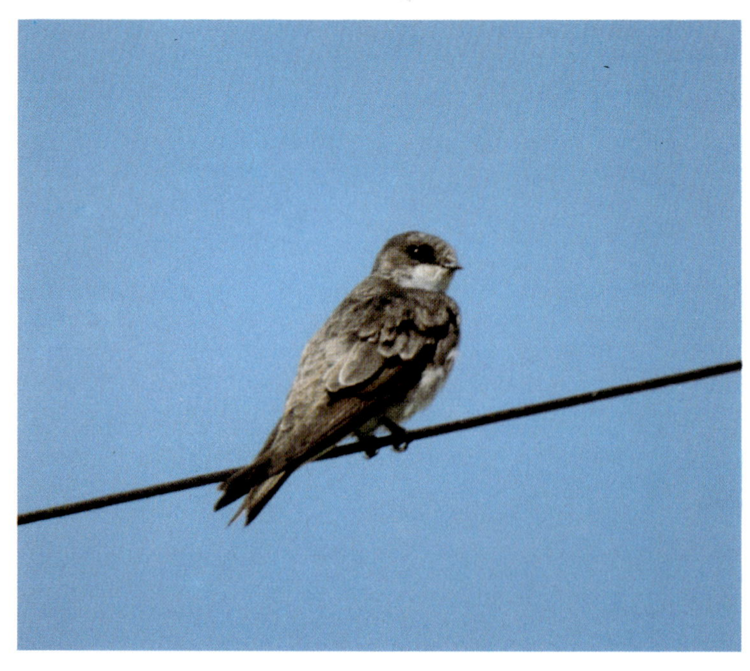

갈색제비　（영명）Bank Swallow　（학명）*Riparia riparia ijimae*　（LONNBERG）
제비과에 속하는 가장 작은 종으로 봄, 가을에 우리나라를 지나가는 나그네새이다.
몸 길이는 약 12.5센티미터이며 암수의 깃털은 동일하다. 턱밑, 가슴, 배 부분만 흰색
을 띠고 그 밖에는 모두 흑갈색이다. 가을에는 어깨, 허리 깃의 가장자리에 흰색을
띠게 된다. 짧은 부리와 다리는 검은색이다. 이 종의 꼬리는 아주 짧아 갓 태어난
새끼 제비의 꼬리 크기이다.
호수와 하천의 모래밭에서 살며 주로 제비 무리에 섞여 이동한다. 둥우리는 모래땅을
파서 짓고, 3 내지 5개의 알을 낳는다. 먹이로는 곤충류를 즐겨 먹는다.
우리나라에서는 매년 봄철보다는 이동 시기인 가을철에 경기도 강화에서 이동 집단
의 제비 무리에서 적은 수를 볼 수 있다.

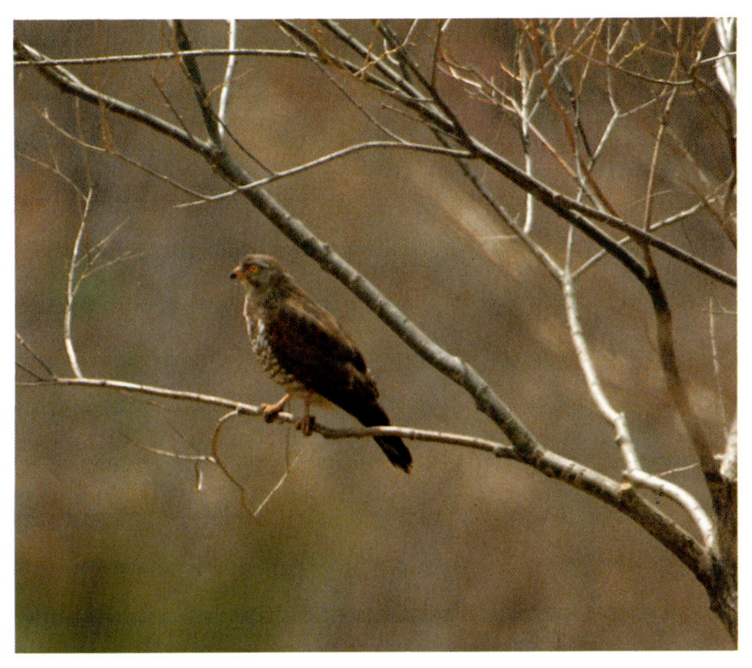

왕새매 (영명) Gray-faced Buzzard-Eagle (학명) *Butastur indicus* GMELIN
수리과에 속하는 종으로서 매우 드문 조류이다. 우리나라에서는 이동 시기인 가을 해안가나 내륙 지방에서 볼 수 있으며 매우 날쌘 수리의 일종이다.
몸 길이는 약 49센티미터이며 부리는 날카롭게 꼬부라져 있고, 성조는 부리 밑 흰 깃털에 검은 줄이 있어 쉽게 구분되나 우리가 야외에서 볼 수 있는 왕새매는 대부분 어린 새끼들을 많이 보기 때문에 다른 매류와 구분하기 어렵다.
또한 몸의 깃털도 가슴의 깃털에 세로 무늬보다는 측무늬나 파도 무늬가 있으면 모두 성조이다. 그러나 다른 수리류에 비해 날쌔게 생긴 몸매 때문에 구분할 수 있다.
주로 산림이나 해안가의 전망이 좋은 큰 나무에 앉으며 거의 한 마리씩 다닌다. 나무 위에서 들쥐 등을 잡아먹기 위해서 전망이 좋은 논밭 근처에 있는 것을 볼 수 있다.
이동 시기는 가을인 10월과 봄인 4월 말에서 5월에 해안가의 야산에서 나타나며 요즘에는 매우 드물게 나타난다.
최근 서해 북단인 백령도 부근의 대청도에 적은 수의 왕새매가 봄과 가을에 통과한다.

겨울철새의 종류

바다 및 해안의 겨울철새

우리나라에는 삼면이 바다로 이루어져 있기 때문에 매년 겨울이면 북녘에서 번식하는 오리류, 아비류, 갈매기류 등의 물새류 들이 해안가나 바다에 많이 찾아와서 겨울을 나고 간다.

겨울철새들은 소련 등지의 해안가나 습지에서 번식한 뒤 우리나라에는 매년 11월 초부터 시작하여 이듬해 1월이면 찾아왔다가 2월 말부터 3월 중순이면 번식지인 북녘 땅으로 떠난다.

대표적인 종으로는 큰재갈매기, 세가락갈매기, 붉은부리갈매기 등의 갈매기류와 바다비오리, 검둥오리, 검둥오리사촌 등의 오리류가 있다. 또한 바다새 가운데 육지와 떨어져 사는 아비는 400 내지 500 마리의 무리를 이룬다. 아비는 매년 1월과 2월에 멸치를 잡아먹기 위해서 거제도의 해금강 부근 바다에 무리를 이루어 겨울을 나고 있는 것을 볼 수 있다.

해안이나 바다의 겨울철새는 동해안의 해안가와 남해안의 도서 해안 등에서 많이 볼 수 있으며, 서해안에서는 거의 볼 수 없다.

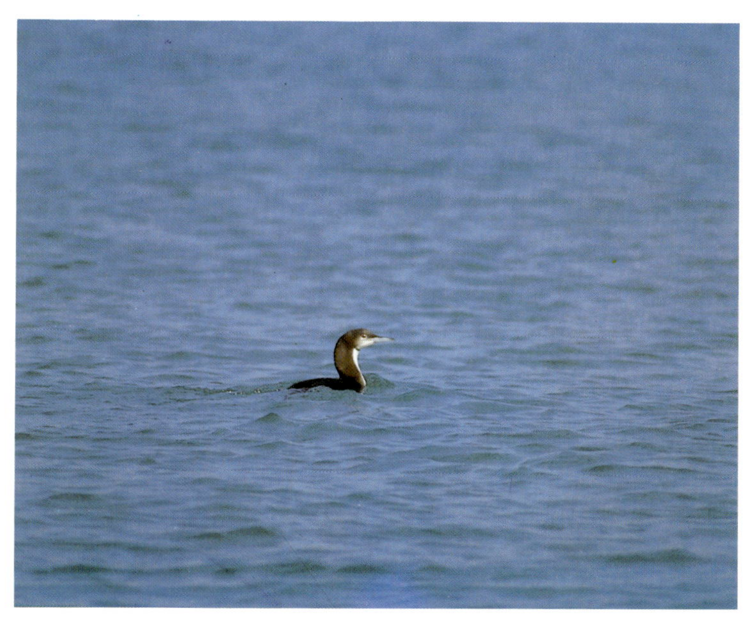

회색머리아비　（영명）Pacific Loon　（학명）*Gavia pacifica*　（LAWRENCE）
아비과에 속하는 종으로 아비 무리 가운데 가장 그 수가 많은 종이다. 우리나라에
는 늦은 겨울에 찾아와서 겨울을 지내고 이듬해 봄 북녘 땅으로 가는 겨울철새이다.
몸 길이는 약 65센티미터이며 겨울 깃은 흐린 백색과 회색을 띠고 있다. 부리는 뾰족
하고 배는 흰색을 띠고 있다. 머리 위에서 목, 등은 거의 흐린 회색을 띠고 있다.
꼬리는 거의 없으며 다리의 물갈퀴는 오리에 비해 넓고 크다. 겨울부터 4월까지 월동
을 하며 모두 여름 깃을 하며 등은 흰색과 검은 깃의 바둑판이며 목에는 줄무늬가
있다.
우리나라는 12월 초에 동해안 해안을 따라 남해의 거제도 연안에 500 내지 600마리
가 찾아온다. 매년 1월이면 거제도 해금강 부근의 바다에 찾아와 집단 생활을 한다.
이듬해 3월 초면 거의 북상하나 일부 무리는 5월 중순까지 볼 수 있다.
바다에서 겨울을 지내며 주로 멸치 등 작은 물고기를 잡아먹고 산다.
정부에서는 경남 거제도의 지심도에서부터 구조라 학동 해금강의 먼 바다에까지를
우리나라 최대의 아비 도래지로서 천연기념물로 지정, 보호하고 있다.

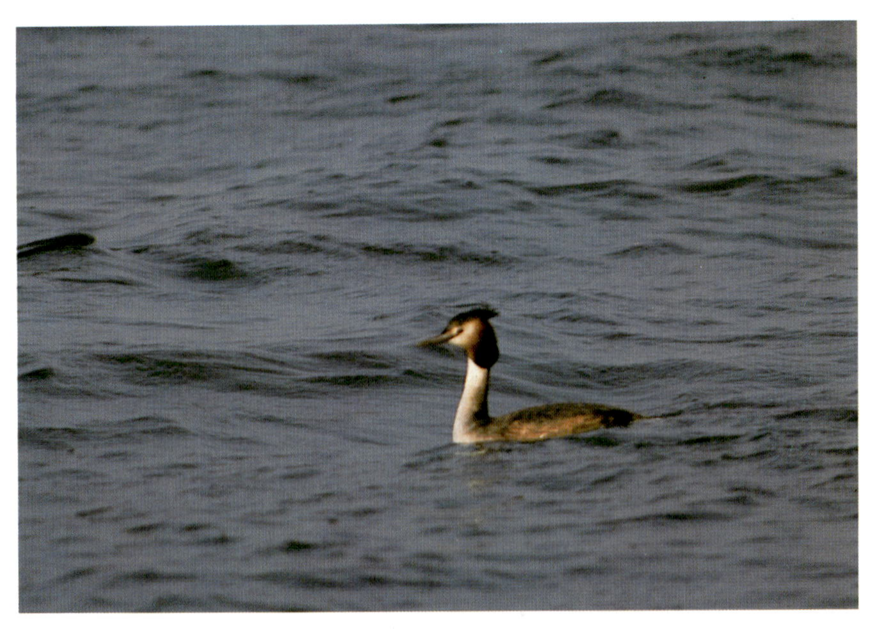

뿔논병아리　(영명) Great Crested Grebe
(학명) *Podiceps cristatus cristatus*　(LINNAEUS)

논병아리 무리 가운데 큰논병아리 다음으로 큰 종에 속하는 것이다. 우리나라에는
10월 하순부터 찾아오기 시작하며 다음해 3월에 번식지인 북녘 땅으로 떠나는 겨울
철새이다.

몸 길이는 약 56센티미터로 논병아리보다 4, 5배 정도 크며 몸체가 가늘고 길다.
암수의 깃털은 동일하다. 머리는 녹색 광택이 있는 검은색, 턱밑과 배 부분은 흰색,
어깨와 등은 갈색이다. 부리는 어두운 갈색이며 다리는 검은색이다. 머리 윗부분에
짧은 댕기가 있어 쉽게 구별할 수 있다.

호수나 습지의 갈대밭, 줄풀 등이 무성한 수면이나 물가에서 주로 생활한다. 둥우리
는 수초의 잎과 줄기로 만들며 3 내지 5개의 알을 낳는다. 낮에는 주로 물 속에서
생활하며 비교적 잘 나는 편이다. 먹이로는 동물성인 어류를 즐겨 먹는다.

우리나라의 서해안을 제외하고는 육지가 가까운 전국의 해안, 강 하구, 호수 등지에
서 볼 수 있다.

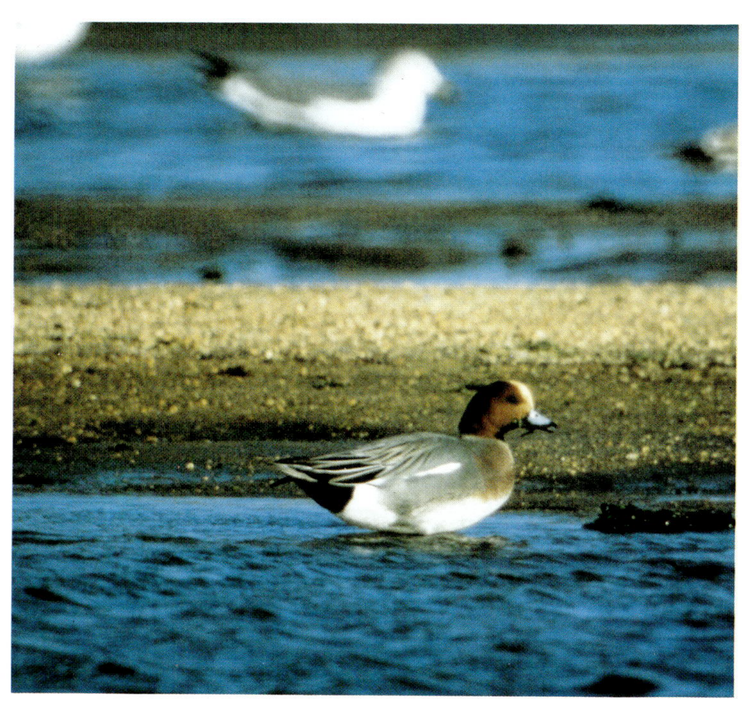

홍머리오리　(영명) Wigeon　(학명) *Anas penelope*　(LINNAEUS)

오리과에 속하는 작은 종으로 우리나라에는 10월 하순에 찾아와서 겨울을 지내고,
다음해 3월에 모두 번식지인 북녘 땅으로 가는 겨울철새이다.
몸 길이는 약 48센티미터이며 암수의 깃털이 서로 다르다. 수컷의 머리는 밤색과
붉은색을 띠고 있으며 머리 꼭대기에는 흰 깃털이 있다. 등과 배에는 흰색에 검은색
의 가로 줄이 있으며 가슴은 회색을 띤 붉은색이다. 암컷의 경우는 몸 전체가 흐린
밤색을 띠고 있다. 부리는 푸르스름한 회색이며 다리는 녹색을 띤 회색이다.
바다가 가까운 강 하구의 개펄 등에서 8 내지 40마리가 무리를 지어 살며, 짧은 휘파
람 같은 울음 소리를 낸다. 둥우리는 강가의 풀숲에다 접시 모양으로 짓고 7 내지
11개의 알을 낳는다. 먹이로는 수초류, 수서 동물을 주로 먹는다.
우리나라의 해안이 가까운 내륙의 물가, 속초 청초호의 양 다리, 부산의 을숙도, 제주
도의 성산포 해안가에서 매년 겨울에 1,000여 마리 정도를 볼 수 있다.

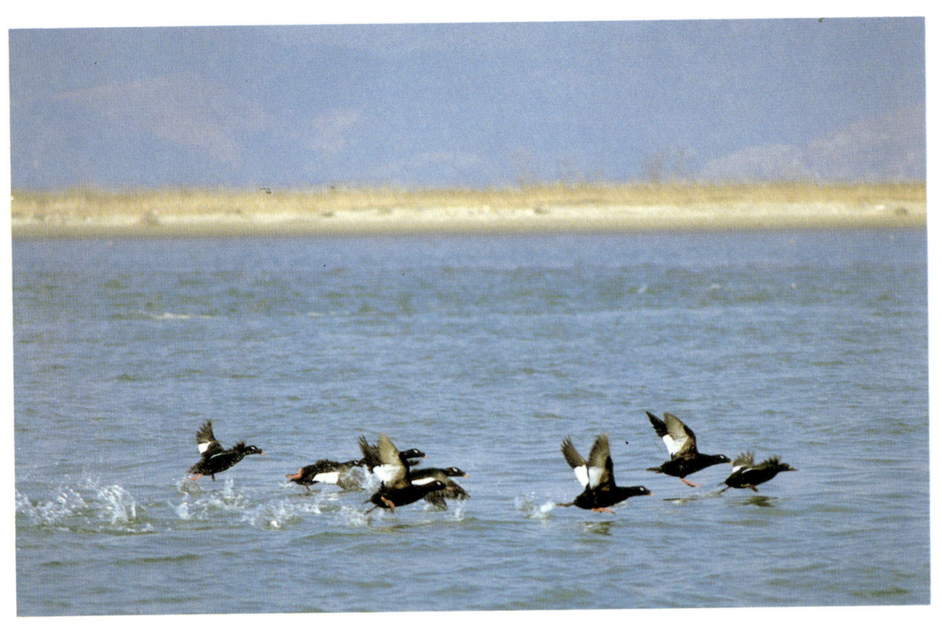

검둥오리사촌   (영명) White-winged Scoter

(학명) *Melanitta fusca stejnegeri*   (RIDGWAY)

오리과에 속하는 종으로 우리나라에서 겨울을 지내고 봄에 번식지인 북녘 땅으로 가는 겨울철새이다.

몸 길이는 약 55센티미터이며 암수의 깃털은 약간 다르다. 수컷의 머리는 자색 금속 광택이 있는 검은색이며 암컷은 흑갈색이다. 수컷은 눈 아래에 반달 모양의 흰색 얼룩 무늬가 있다. 수컷의 등은 남색 금속 광택이 있는 검은색이며 암컷은 흑갈색이다. 수컷의 가슴과 배는 남빛 검은색이며 암컷은 어두운 갈색으로 각 깃의 끝은 흰색이다. 수컷의 부리는 검은색과 황색, 암컷은 검은색이다. 수컷의 다리는 붉은색이며 암컷은 오렌지빛 황색이다.

주로 해안가, 도서 지방에서 살며 내륙 지방에서도 서식한다. 둥우리는 호수가의 풀숲에다 짓는데 9, 10개의 알을 낳는다. 먹이로는 동물성과 적은 양의 수초를 먹는다.

우리나라에서는 강원도, 경상남북도, 제주도 등 해안가에서 볼 수 있다.

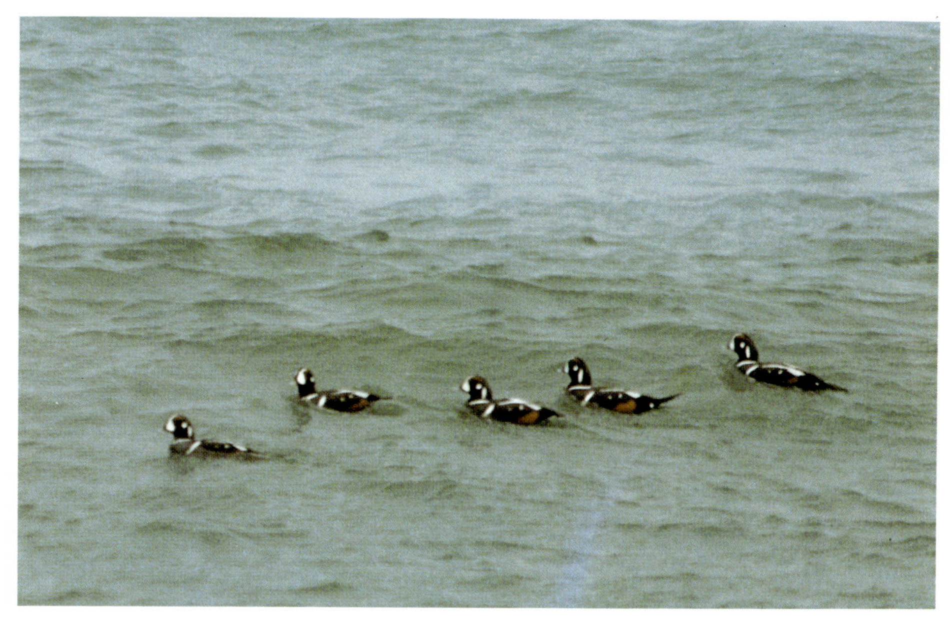

흰줄박이오리　（영명）Harleguin Duck
（학명）*Histrionicus histrionicus*　（LINNAEUS）
오리과에 속하는 종으로 가을에 우리나라에 찾아와서 겨울을 지내고 이듬해 봄에
번식지로 가는 겨울철새이다.
몸 길이는 약 43센티미터이며 암수의 깃털은 다르다. 수컷의 머리는 남빛 검은색이며
암컷은 어두운 갈색이다. 수컷은 눈 앞에 흰색의 큰 얼룩 무늬가 있으며 암컷은 때문
은 흰색이다. 수컷은 눈 뒤의 아랫부분에 흰색 사각형으로 작은 얼룩 무늬가 있고
암컷은 때문은 흰색이다. 수컷은 가늘고 긴 선이 목 옆을 지나는데 암컷은 이것이
없다. 수컷은 목 아랫부분에 흰색의 띠가 있으며 등은 석판 푸른 잿빛이며 암컷은
어두운 갈색이다. 수컷은 가슴과 배가 등과 같은 색이며 암컷은 갈색이다. 부리는
푸른 잿빛이고 다리는 갈색이다.
주로 급히 흐르는 하천과 숲이 우거진 곳, 바닷가 등에서 산다. 둥우리는 풀숲이나
바위 틈에 짓고 6개 정도의 알을 낳는다. 먹이로는 수서 곤충의 유충을 먹는다.
우리나라의 동해안과 남해안에서 볼 수 있다.

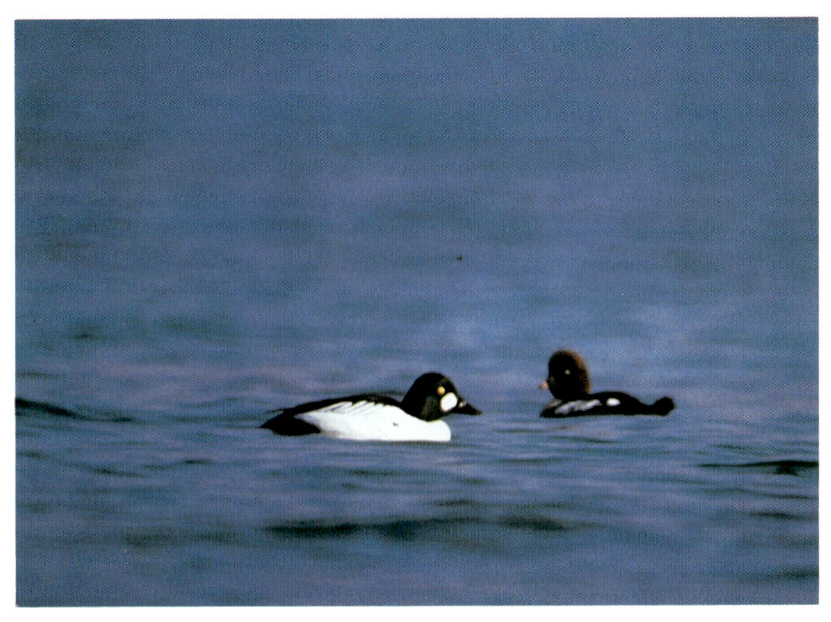

흰뺨오리　(영명) Common Goldeneye
(학명) *Bucephala clangula-clangula*　(LINNAEUS)
오리과에 속하는 작은 종으로 우리나라에는 11월 초순부터 찾아오기 시작하여 이듬
해 3월 초순에 번식지로 날아가는 겨울철새이다.
몸 길이는 약 45센티미터이며 암수의 깃털은 다르지만 대체로 흰색을 띠고 있다.
수컷의 머리는 청록색이며 암컷은 흑갈색이다. 수컷은 눈 아래의 뺨에 흰 점이 있으
며 목, 가슴, 배는 흰색이다. 수컷의 등은 흰색에 검은 줄이 있으며 암컷은 줄이 없고
흑갈색이다. 수컷의 부리는 흑갈색이고 암컷은 검은색으로 끝부분에 황색이 있으며
다리는 오렌지색이다.
추운 겨울에는 바닷가, 하천, 내륙의 계류에서 산다. 둥우리는 나무의 자연 구멍 속에
짓고 10개 정도의 알을 낳는다. 먹이로는 잠자리, 곤충의 유충을 즐겨 먹는다.
우리나라의 겨울철에 낙동강 하구, 거제도 해안, 강원도 해안, 이동 시기인 봄과 가을
에 서울의 한강에서 5 내지 10마리를 볼 수 있다.

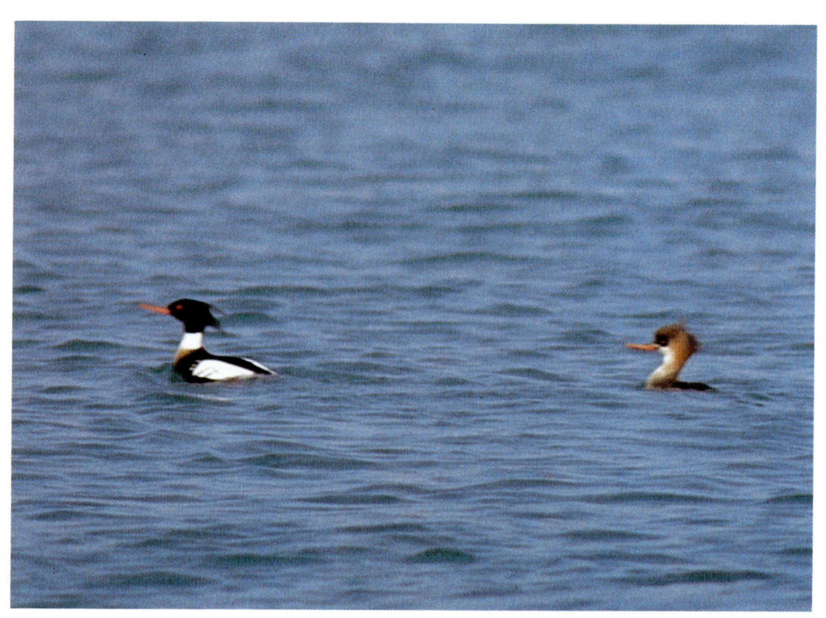

바다비오리 （영명） Red-breasted Merganser （학명） *Mergus serrator* （LINNAEUS）
오리과에 속하는 중형의 종으로 우리나라에는 11월 초순에 찾아와서 이듬해 3월
중순에 번식지인 북녘 땅으로 가는 겨울철새이다.
몸 길이는 약 55센티미터이며 암수의 깃털이 서로 다르다. 수컷의 머리는 청록색이며
암컷은 흐린 밤색으로 머리 뒤에 댕기가 있다. 수컷의 목에는 흰 줄과 검은색의 세로
선이 있고 암컷은 적갈색이다. 수컷의 등은 검은색이고 암컷은 갈색을 띠는 진한
회색이다. 수컷의 가슴은 흰색과 노랑색이며 암컷은 갈색이며 배는 흰색이다. 수컷의
부리는 붉은색으로 끝부분에 검은색이 있고 암컷의 부리는 갈색이다. 다리는 흐린
붉은색이다.
주로 육지 부근의 바닷가에서 4 내지 10마리가 무리를 지어 산다. 나무 위의 자연
구멍 속이나 사람이 만들어 놓은 새의 집을 이용해 9, 10개의 알을 낳는다. 먹이로는
물고기를 즐겨 먹는다.
우리나라의 서해안을 제외한 해안가 어디에서나 겨울철에 볼 수 있다.

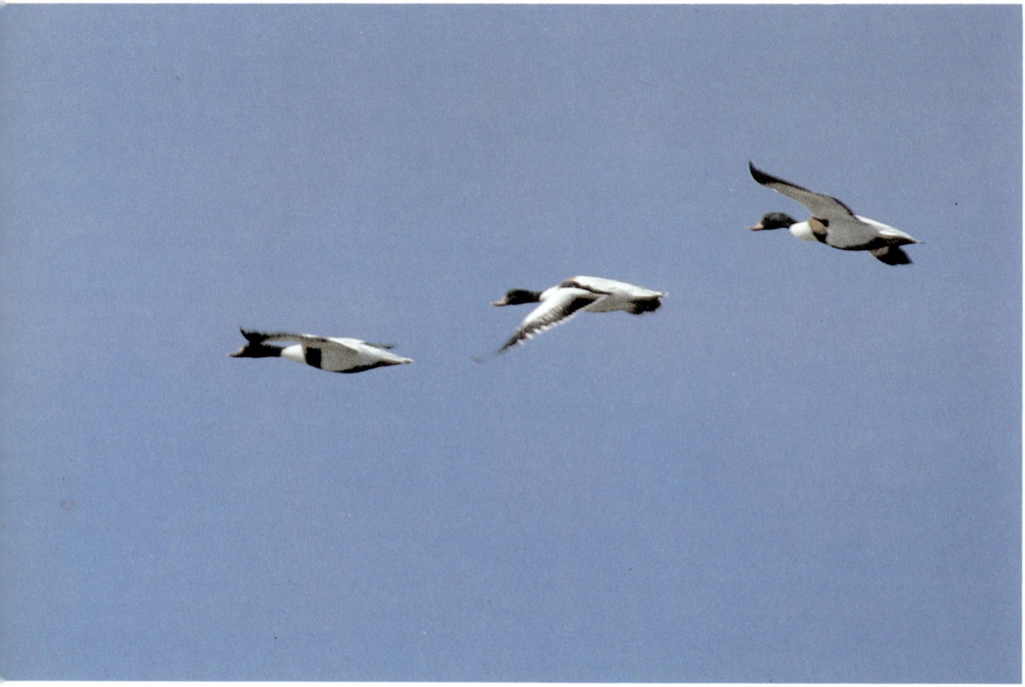

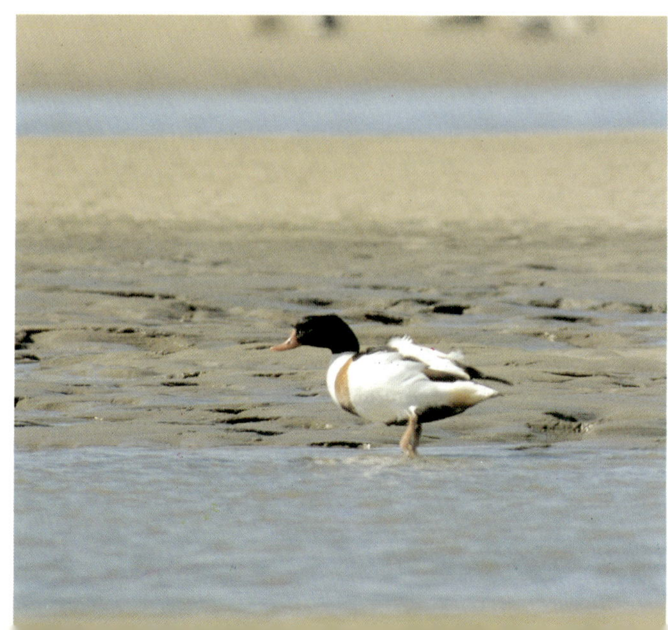

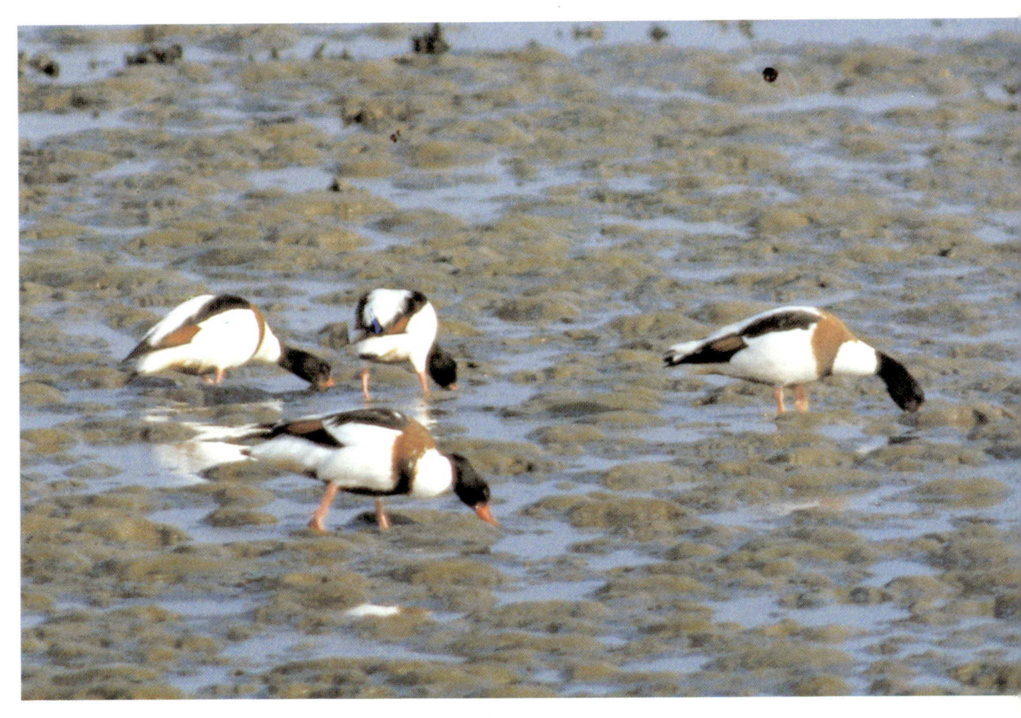

혹부리오리　（영명）Common Shelduck　（학명）*Tadorna tadorna*　（LINNAEUS）
　오리과에 속하는 종으로 우리나라에는 10월 하순부터 찾아오기 시작하여 겨울을 지내고 번식지인 북녘 땅으로 가는 겨울철새이다.
　몸 길이는 약 62.5센티미터이며 몸 전체의 깃은 검은색과 흰색으로 되어 있다. 수컷의 머리는 검은색이며 가슴 둘레에는 밤색 띠가 있다. 가슴과 배 중앙에 그어진 검은색의 얼룩 무늬를 제외하고는 모두 흰색이다. 암컷의 몸 깃은 대체로 수컷보다 흐리다. 부리는 붉은색이며 특히 수컷의 콧등에는 혹 모양의 돌기가 있어 쉽게 구별할 수 있고 다리는 살색이다.
　주로 해안의 간척지 등 소금물이 있는 곳에서 10마리부터 700마리에 이르기까지 무리를 지어 산다. 둥우리는 나무 구멍이나 키가 큰 건초용 풀에다 짓고 9개 정도의 알을 낳는다. 먹이로는 작은 물고기, 수서 동물 등을 즐겨 먹는다.
　우리나라에서는 낙동강 하구 을숙도 등 갯벌에서 매년 볼 수 있다.

인가 및 야산, 습지, 경작지의 겨울철새

　인가, 야산, 습지, 호수나 저수지, 경작지 등은 겨울에 철새들이 가장 많이 찾아오는 곳이다. 겨울철새의 대부분을 차지하는 오리류를 비롯하여 멧새류, 되새류, 지빠귀류 등은 매년 11월 초부터 찾아오기 시작하여 1월에는 모두 우리나라에 도착한다. 또 2월 말부터 3월 중순이면 번식지인 북녘 땅으로 거의 떠난다.

　멧새류는 논밭의 덤불이나 야산 등에서 풀씨나 곡류 등을 먹고 겨울을 난다. 되새류인 콩새, 양진이, 되새 등은 논밭 근처에서 풀씨나 나무 열매를 먹고 산다.

　오리류인 흰쭉지, 검은머리흰쭉지, 청둥오리 등은 남해안의 해안가나 호수, 저수지, 강 하구 등에 가장 많이 찾아와 겨울을 난다.

　또 오리 무리 가운데 쇠기러기와 큰기러기, 고니, 큰고니는 부산의 낙동강 하구 을숙도 주변과 경남 의창군 주남 저수지에 가장 많이 찾아온다. 그 밖에 전북 익산군 운포면 금강 하구와 전남 진도의 해안이나 저수지에도 적지 않게 찾아온다.

　고니 무리 가운데 매우 드문 혹고니는 동해안의 경포호수나 속초의 청초호수 등에 찾아온다. 또 고성군 송지호수에는 매년 50 내지 60 마리의 가장 큰 집단 혹고니가 찾아오며 1월에 호수가 얼면 모두 남하한다.

　겨울철새 가운데 산새류는 남향인 따뜻한 마을의 논밭이 있고 가시가 많은 덤불에 가장 많이 찾아온다. 그 이유는 천적인 족제비나 황조롱이 등을 피할 수 있다는 점, 찔레나무의 열매와 맑은 물이 있고, 또 휴식과 잠자리 공간으로는 안성마춤이기 때문이다.

　물새류나 습지새들도 겨울을 지내기 위해서는 갈대나 풀이 많으며 먹이가 풍부하고 천적들이 없는 안전한 지역에 매년 찾아오고 있다.

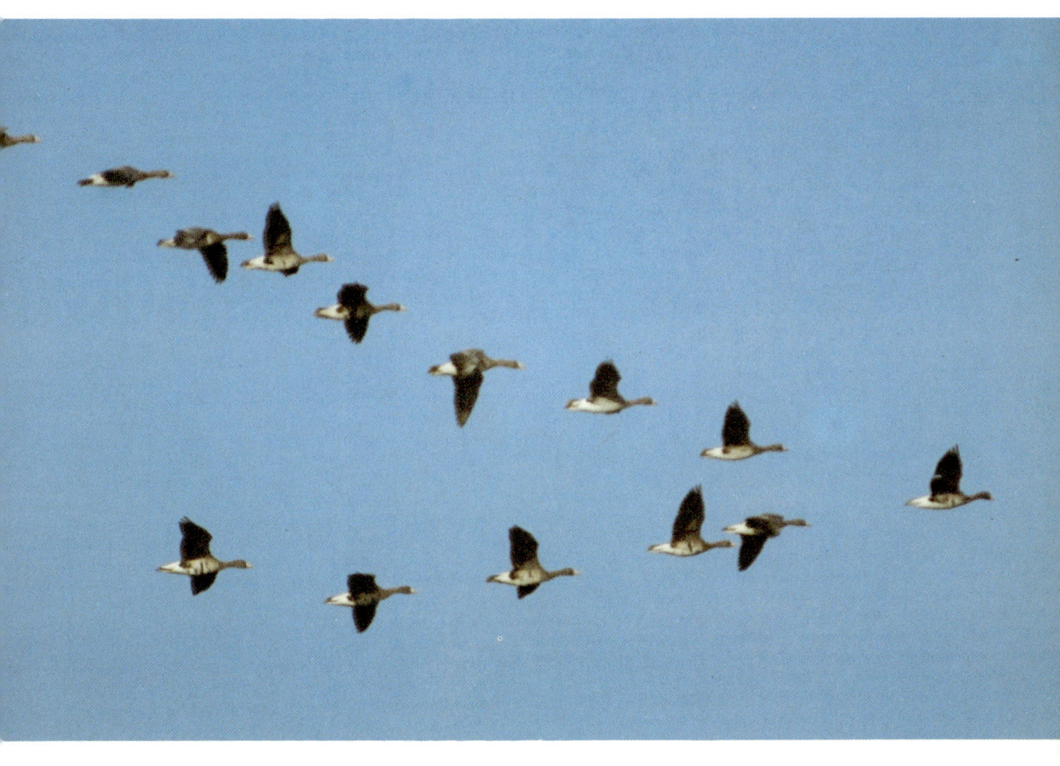

쇠기러기 （영명） White-fronted Goose （학명） *Anser albifrons frontalis* （BAIRD）

기러기 무리 가운데에서 제일 작은 종으로 11월부터 우리나라에서 겨울을 지내고, 이듬해 3월에 번식지인 북녘 땅으로 돌아가는 겨울철새이다.

몸 길이는 약 72센티미터이며 머리 부분은 어두운 갈색이다. 눈과 부리 사이에는 흰색의 띠가 있다. 가슴과 배는 흰색 바탕에 검은 얼룩 무늬가 있다. 등은 잿빛을 띤 어두운 갈색이며 부리와 다리는 노랑색이다.

평지의 논, 강가의 논과 밭, 갈대밭, 강 하구의 개펄 등지에서 50 내지 200마리가 무리를 지어 생활한다. 둥우리는 넓은 습지의 풀숲에다 접시 모양으로 짓고 4개 정도의 알을 낳는다. 먹이로는 식물성인 각종 풀잎, 보리, 밀, 배추 등을 즐겨 먹는다.

우리나라의 동해안과 산악 지대를 제외한 전국 일원에서 볼 수 있으며, 부산의 낙동강 하구, 주남 저수지 등지에서 겨울에 수천 마리의 무리를 볼 수 있다.

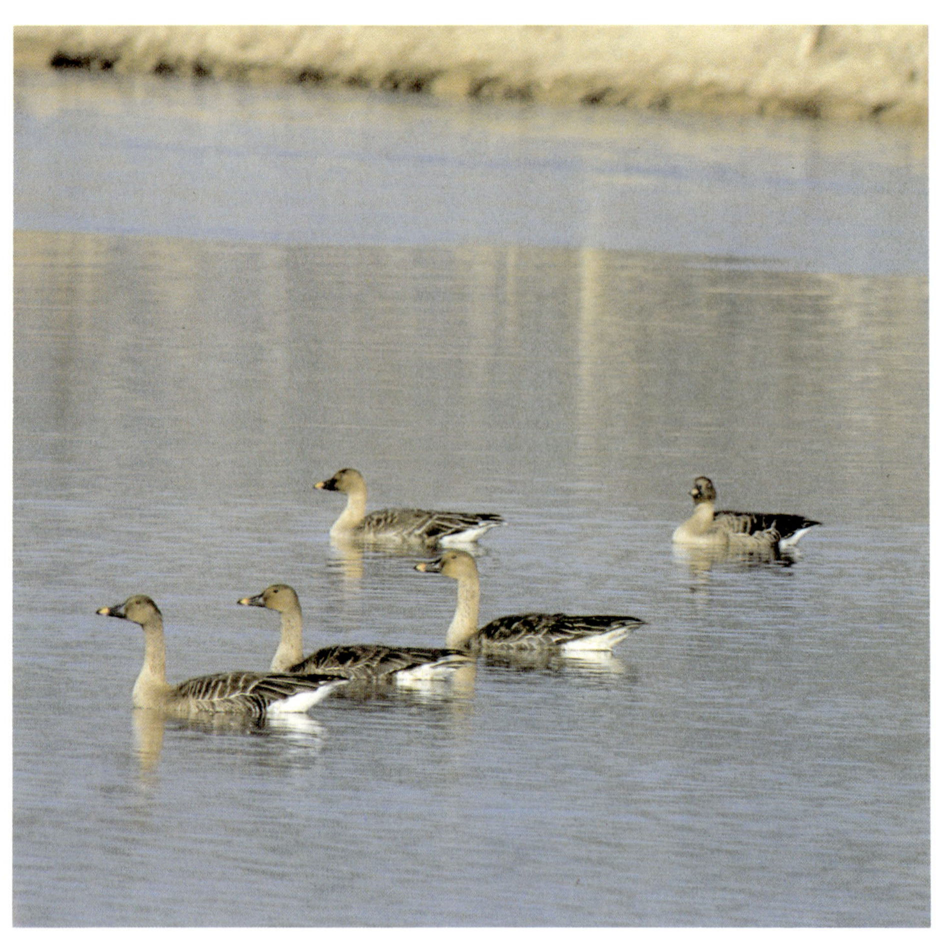

98 겨울철새의 종류

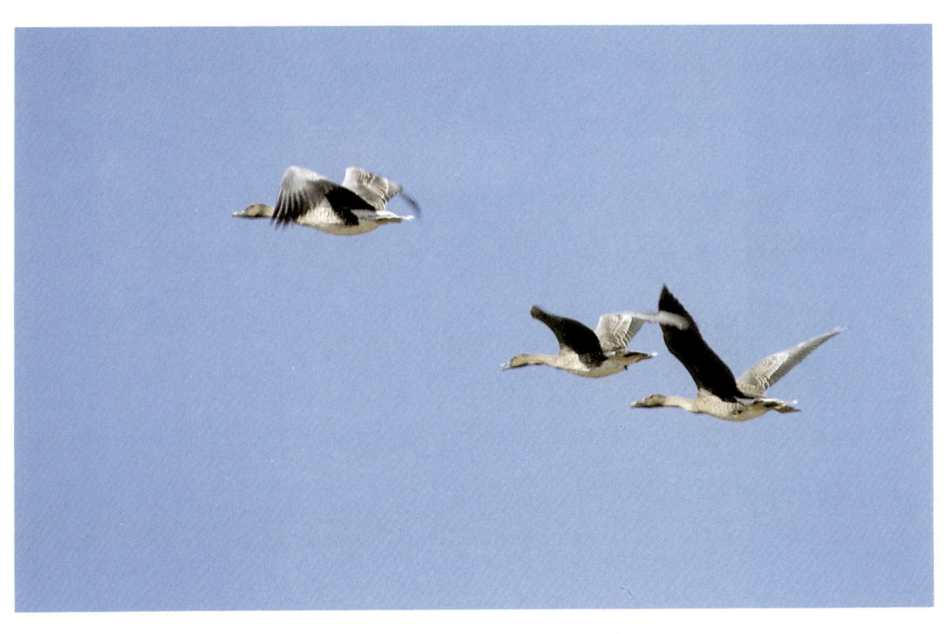

큰기러기　(영명) Bean Goose　(학명) *Anser fabalis*　(LATHAM)
　오리과에 속하며 쇠기러기 다음으로 큰 종으로 10월 하순부터 북쪽 지방에서 찾아와서 겨울을 지내고 이듬해 3월 초순에 번식지로 떠나는 겨울철새이다.
　몸 길이는 약 85센티미터이며 몸 전체의 깃은 흑갈색이다. 그러나 부리와 다리 부분만 노랑과 진한 살색을 띠고 있다. 우리나라에 찾아오는 대부분의 육지 기러기는 쇠기러기와 큰기러기이지만 몸의 색깔을 보고 두 종을 쉽게 구별할 수 있다.
　강가, 간척지, 평지의 논과 밭, 강 하구, 저수지 등에서 살며 4개 정도의 알을 낳는다. 먹이로는 식물성인 밀과 보리의 푸른 잎, 열매, 곡식의 낟알 등을 먹는다.
　우리나라의 산악 지방을 제외한 강 하구의 개펄이나 경작 지역에서 볼 수 있다. 대표적인 도래지는 낙동강 하구의 을숙도, 전남 익산군 운포의 금강 하구, 경기도 김포군 하성면 후평리 등이다.

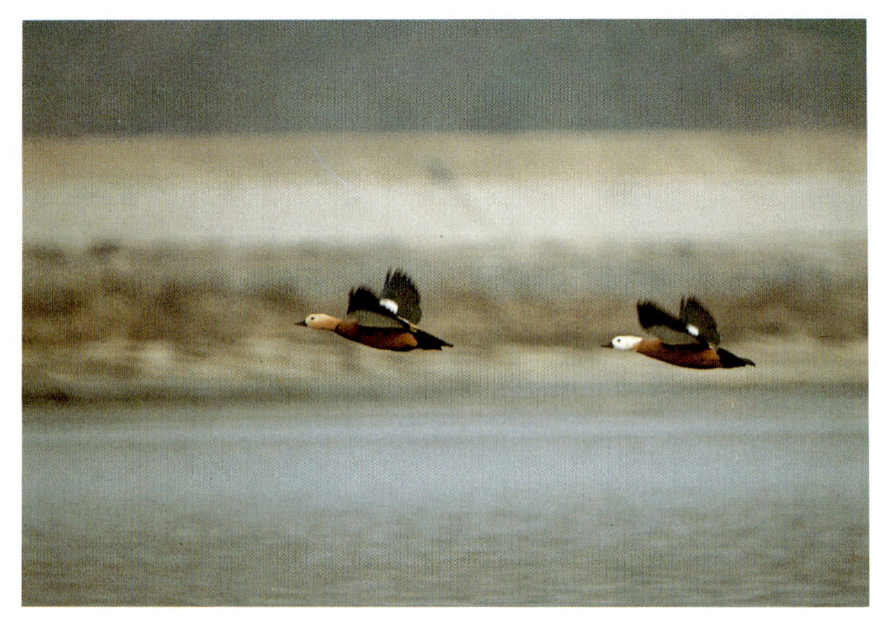

황오리　（영명）Ruddy shelduck　（학명）*Tadorna ferruginea*　（PALLAS）
　오리과에 속하는 종으로 우리나라에는 10월 하순부터 찾아오기 시작하며 이듬해 3월에 번식지인 북녘 땅으로 가는 겨울철새이다.
　몸 길이는 약 63.5센티미터이며 기러기 다음으로 크다. 암수의 깃털은 거의 동일하나 수컷의 목에 가는 검은색 띠가 있는 것이 다르다. 몸 전체의 깃은 황색이나 첫째 날개깃만은 청동색이다.
　초원, 호수, 하천, 간척지, 논과 밭에서 주로 산다. 둥우리는 키가 큰 낙엽송의 자연 구멍에다 짓고 8 내지 12개의 알을 낳는다. 먹이로는 강가의 채소밭에서 식물성을 주로 섭취한다.
　우리나라에서는 한강의 난지도 부근의 시금치밭과 충남 부여 백마강 습지에서 매년 80마리 정도를 볼 수 있다.

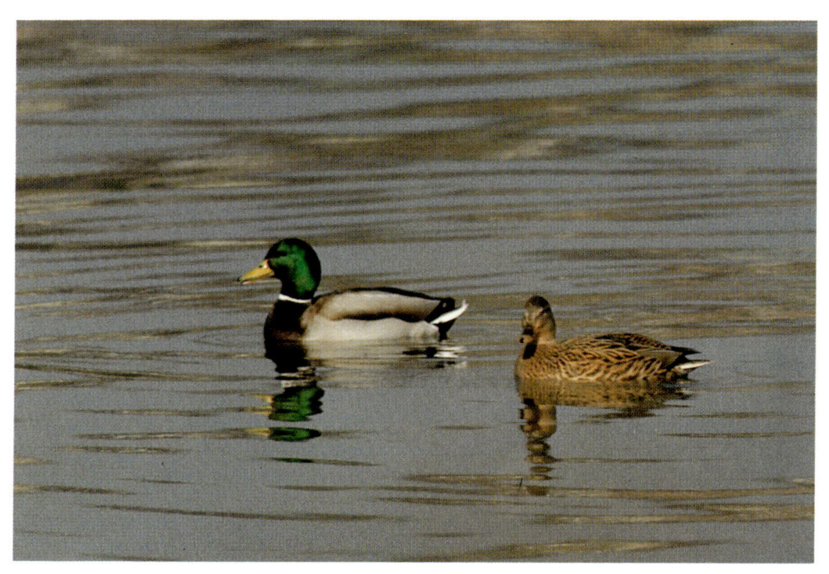

청둥오리　（영명）Mallard　（학명）*Anas platyrhynchos platyrhynchos*　（LINNAEUS）

오리과에 속하는 무리 가운데에서 우리나라에 가장 많이 찾아오는 종이다. 10월 초순부터 날아오기 시작하여 이듬해 3월 하순이나 4월 초순까지 번식지인 북녘 땅으로 가는 겨울철새이다.

몸 길이는 약 64센티미터이며 암수의 크기와 깃털은 서로 다르다. 수컷의 머리는 청록색이며 암컷은 흑갈색이다. 수컷의 목에는 가는 흰 띠가 있고 암컷은 없다. 수컷의 앞가슴은 진한 밤색이고 배, 옆구리 등은 흐린 회색이며 암컷의 배는 진한 노랑색으로 검은 반점이 있다. 수컷의 부리는 황록색으로 끝이 검은색이며 암컷은 잿빛 녹색이다. 다리는 황적색이다.

해안, 농경지, 초습지, 연못, 개울 등에서 주로 살며 추운 겨울에는 무리 생활을 하나 날씨가 따뜻해지면 짝을 찾아 분산한다. 6 내지 12개의 알을 낳으며 먹이로는 수서 동물을 즐겨 먹는다.

우리나라의 강가, 호수가, 논과 밭에서 흔히 볼 수 있다.

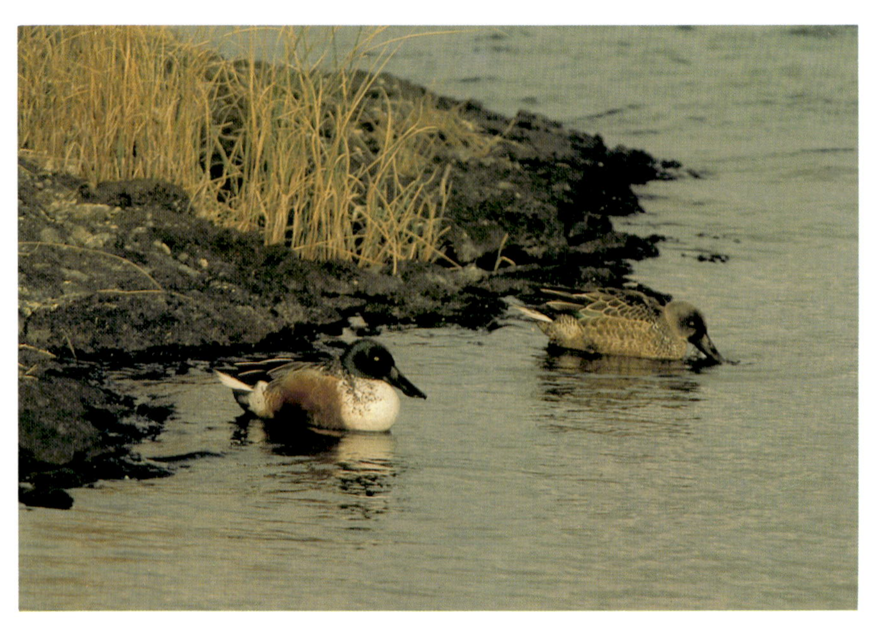

넓적부리오리 （영명） Shoveller （학명） *Anas clypeata* （LINNAEUS）

오리과에 속하는 중형의 종으로 우리나라에는 10월 중순부터 찾아오기 시작하여 이듬해 3월 하순에 번식지로 가는 겨울철새이다.

몸 길이는 약 50센티미터이며 암수의 깃털이 다르다. 수컷의 머리는 청록색이며 턱밑은 흑갈색이다. 수컷의 윗가슴은 흰색이며 아랫가슴과 배는 적갈색이며 등과 허리는 광택이 있는 검은색이다. 암컷의 몸 전체의 깃은 주로 황갈색이다. 이 종의 특징인 크고 넓은 부리는 수컷이 검은색이며 암컷은 갈색과 오렌지색이다. 다리는 오렌지빛 붉은색이다.

해안가보다는 내륙 지방의 큰 강의 개펄, 지저분한 하천에서 주로 산다. 둥우리는 건조한 땅 위의 오목하게 들어간 부분에 짓고 10개 정도의 알을 낳는다. 먹이로는 수초, 수서 동물 등을 즐겨 먹는다.

우리나라에서는 대전의 갑천, 한강의 난지도, 제주도의 성산포 등에서 볼 수 있다.

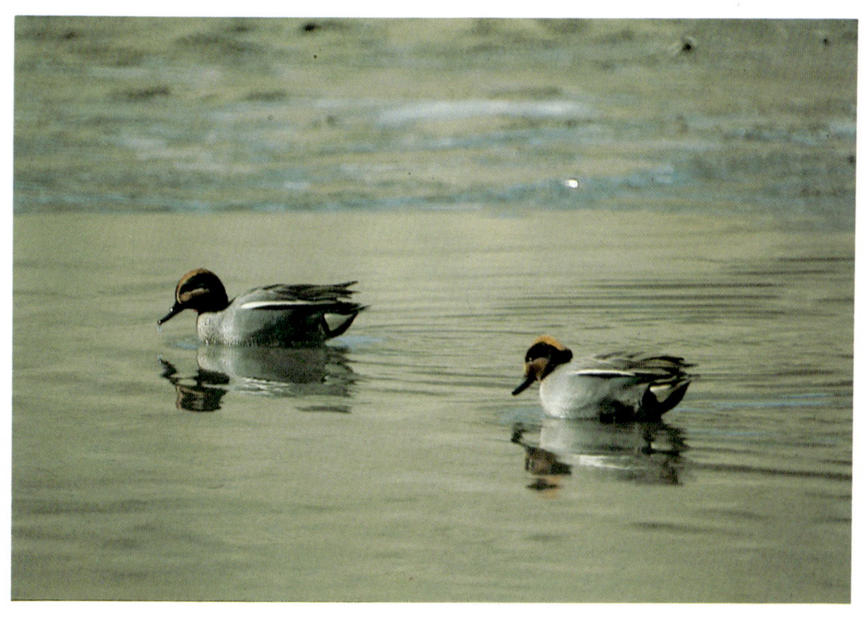

쇠오리 (영명) Teal (학명) *Anas crecca crecca* (LINNAEUS)

오리과에 속하는 가장 작은 종으로 10월부터 이듬해 3월 사이에 우리나라에서 겨울을 지내고 번식지로 북상하는 겨울철새이다.

몸 길이는 약 37.5센티미터이며 암수의 깃털이 약간 다르다. 수컷의 머리는 진한 붉은색이며 암컷은 진한 갈색이다. 수컷의 눈과 어깨 사이에는 청동색의 줄이 있다. 암컷은 청동색의 줄이 없으며 얼굴은 흰색으로 흑갈색의 작은 무늬가 있다. 등과 허리는 흑갈색이며 가슴은 때문은 흰색에 검은 무늬가 있다. 흰색인 배에도 불명확한 가로 무늬가 있다. 부리는 검은색이며 다리는 회갈색이다.

호수나 저수지보다는 강 하구나 큰 개천의 가장자리 특히 더러운 물이 흐르는 하천 등지에서 산다. 둥우리는 마른 풀을 엮어서 짓고 8 내지 10개의 알을 낳는다. 먹이로는 작은 식물의 열매나 연한 잎 등을 먹는다.

우리나라의 외딴 도서 지방을 제외한 전국 일원에서 볼 수 있다.

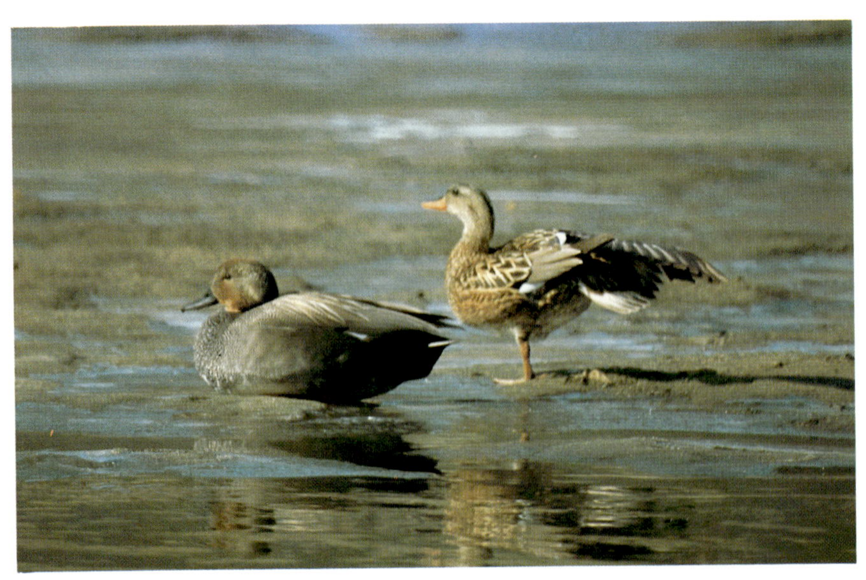

알락오리　(영명) Gadwall　(학명) *Anas strepera strepera*　(LINNAEUS)

오리과에 속하며 청둥오리 다음으로 작은 종이다. 우리나라에는 11월 하순에 찾아와서 겨울을 지내고, 이듬해 3월 초순에 번식지로 북상하는 겨울철새이다.

몸 길이는 약 50센티미터이며 암수의 깃털이 서로 다르다. 수컷의 머리는 흑갈색이며 암컷은 흰색으로 붉은 갈색의 얼룩 무늬가 있다. 수컷의 가슴은 흰색에 어두운 갈색의 얼룩 무늬가 있고 암컷은 흐린 적갈색으로 갈색의 얼룩 무늬가 있다. 배와 옆구리는 흰색으로 갈색의 잔잔한 무늬가 있고 등에는 갈색과 검은 줄무늬가 있다. 부리는 푸르스름한 회색이며 다리는 오렌지색이다.

강 하구, 강가, 갈대밭 등에서 무리를 지어 생활한다. 둥우리는 물가의 우거진 풀숲과 갈대밭 속의 땅 위에다 짓고 8 내지 12개의 알을 낳는다. 먹이로는 수초의 잎과 줄기를 즐겨 먹는다.

우리나라에서는 부산 낙동강 하구의 을숙도나 제주도 성산포 등지에서 20마리 정도를 볼 수 있다.

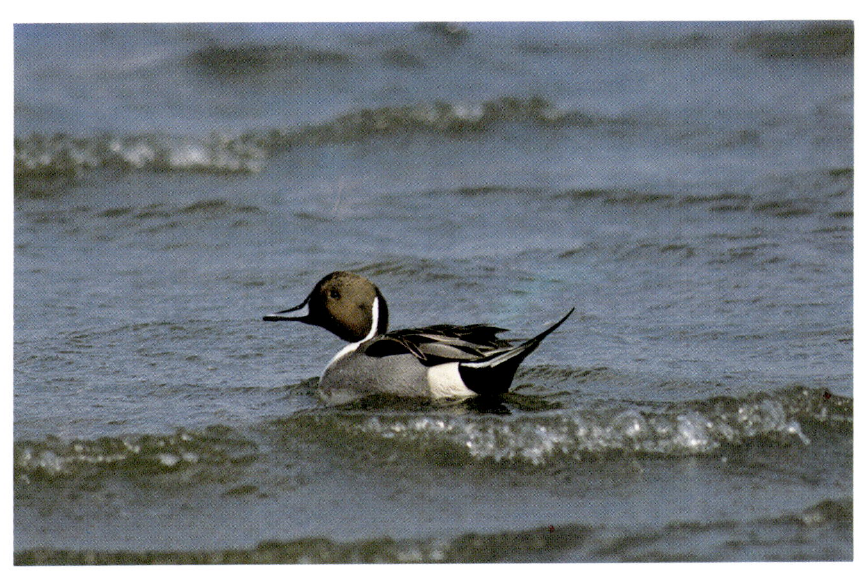

고방오리　（영명）Pintail　（학명）*Anas acuta acuta*　（LINNAEUS）

오리과에 속하는 중형의 종으로 우리나라에는 11월 초순에 찾아와서 겨울을 지내고, 이듬해 3월 초순에 모두 번식지로 가는 겨울철새이다.

몸 길이는 수컷이 약 75센티미터, 암컷이 약 53센티미터로 오리 무리 가운데에서 길이가 가장 길다. 암수의 깃털도 서로 다르다. 수컷의 머리는 갈색이며 암컷은 적갈색이다. 수컷의 배와 가슴은 회색이며 암컷은 녹슨 색으로 갈색의 얼룩 무늬가 있다. 수컷의 등과 어깨에는 회색에 검은 줄무늬가 있고 암컷은 검은 갈색으로 붉게 녹슨 색을 띤 흰 가장자리가 있다. 특히 수컷은 긴 꼬리가 위로 올라간 것이 특징이다. 부리와 다리는 푸르스름한 회색이다.

둥우리는 물가의 풀숲, 관목숲의 땅 위에다 짓고 9개 정도의 알을 낳는다. 여름철의 먹이는 식물성이며 산란기를 전후해서는 동물성을 먹는다.

우리나라에서는 부산 낙동강 하구의 주변, 한강의 하수도 주변에서 볼 수 있다.

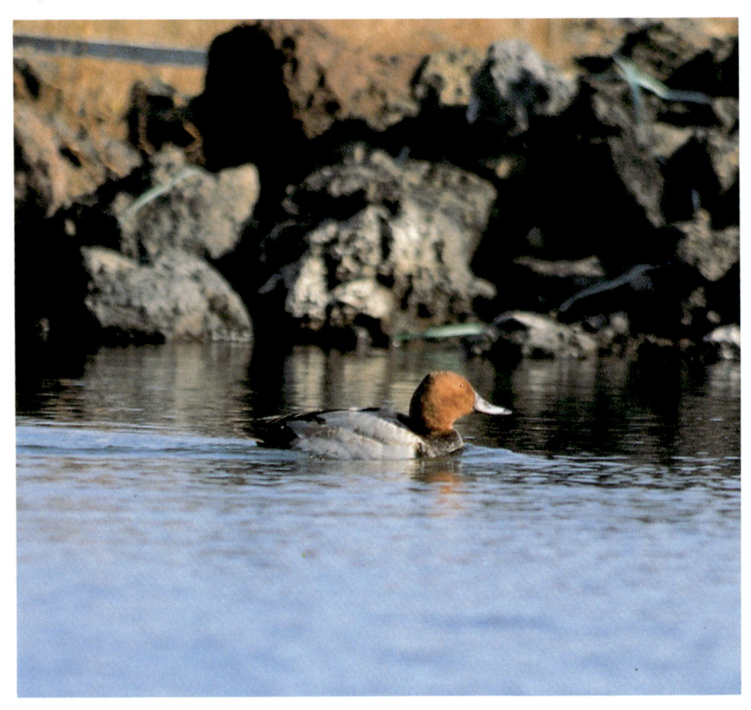

흰쭉지 (영명) Pochard (학명) *Aythya ferina* (LINNAEUS)

오리과에 속하는 중형의 종으로 우리나라에는 11월 초순부터 찾아와서 겨울을 지내고, 이듬해 3월 중순에 번식지로 가는 겨울철새이다.

몸 길이는 약 45센티미터이며 암수의 깃털이 서로 다르다. 수컷의 머리는 붉은색이며 가슴은 진한 흑갈색이고 암컷의 가슴은 붉게 녹슨 갈색이다. 수컷의 배와 등은 흰색으로 회색의 작은 파도 무늬가 있고 암컷의 무늬는 수컷보다 명확하지 않다. 꼬리 부분은 검은색이다. 부리는 흐린 푸르스름한 회색이며 다리는 회색이다.

강가나 강 하구의 넓은 곳에서 주로 살며 이동할 때는 100 내지 1,000마리가 무리를 지어 날아간다. 둥우리는 물가의 갈대밭에다 접시 모양으로 짓고, 8개 정도의 알을 낳는다. 먹이로는 수초의 잎, 수서 동물을 즐겨 먹는다.

우리나라에서는 속초 청초호의 양 다리, 부산 낙동강 하구의 장림 앞 등에서 볼 수 있다.

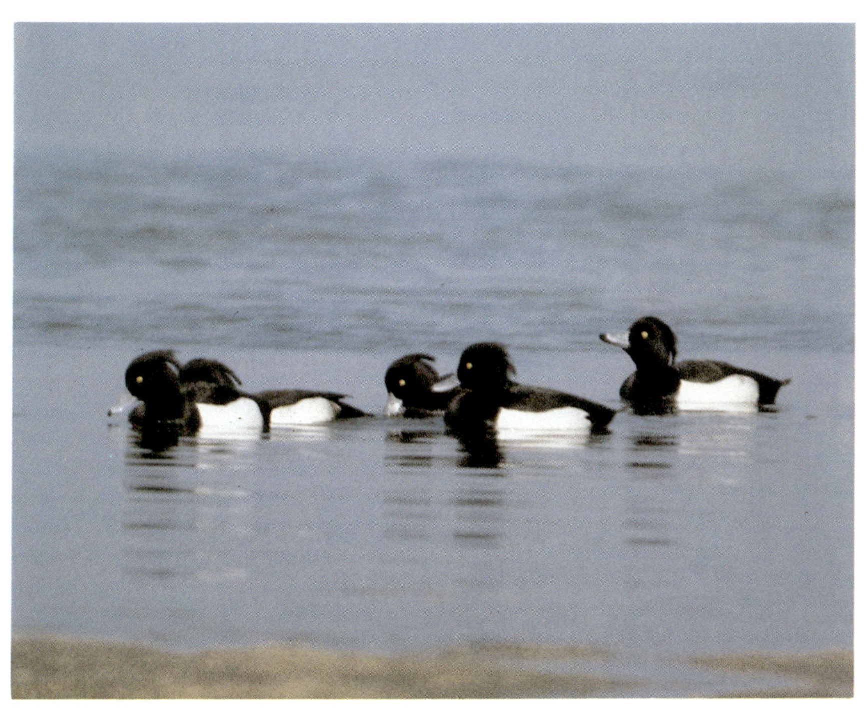

댕기흰쭉지　（영명）Tufted Duck　（학명）*Aythya fuligula*　（LINNAEUS）

오리과에 속하는 작은 종으로 우리나라에는 10월 하순부터 찾아오기 시작하여 이듬해 3월 하순에 번식지인 북녘 땅으로 가는 겨울철새이다.

몸 길이는 약 40센티미터이며 암수의 깃털이 다르다. 수컷의 머리는 광택이 있는 검은색이며 꼭대기에는 댕기가 있다. 윗가슴은 광택이 있는 검은색이며 아랫가슴과 배는 흰색이다. 등은 검은색에 갈색의 미세한 얼룩점이 있다. 암컷의 전체 깃은 어두운 갈색이다. 부리와 다리는 푸르스름한 회색이다.

연안의 해상, 호수, 못 등에서 큰 무리를 지어 생활한다. 둥우리는 풀숲의 땅 위에다 풀잎과 줄기를 이용하여 짓고, 10개 정도의 알을 낳는다. 먹이로는 수서 동물이 주식이며 적은 양의 풀씨도 먹는다.

우리나라에서는 속초 청초호의 양 다리, 낙동강 하구의 장림 녹산 앞 등에서 수백 내지 수천 마리가 무리지어 있는 것을 볼 수 있다.

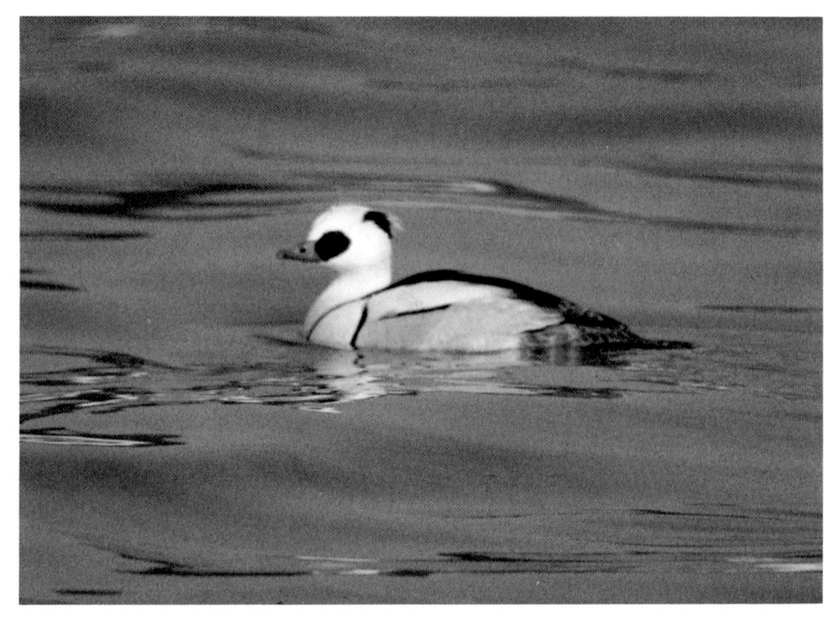

흰비오리　(영명) Smew　(학명) *Mergus albellus*　(LINNAEUS)

　오리과에 속하는 작은 종으로 우리나라에는 11월 하순부터 찾아와서 이듬해 2월 하순에 번식지로 북상하는 보기 드문 겨울철새이다.
　몸 길이는 약 42센티미터이며 암수의 깃털이 다르다. 수컷의 몸은 거의 흰색이다. 수컷의 머리는 흰색이며 암컷은 흐린 밤색이다. 수컷은 눈 주위에 검은색의 띠가 있으나 암컷은 띠가 없다. 수컷의 등은 검은색이며 암컷은 흐린 회갈색이다. 수컷의 가슴, 배, 옆구리에는 흐린 회색의 파도 무늬가 있고 암컷은 무늬가 없이 흐린 회색과 흰색으로 되어 있다. 부리와 다리는 푸르스름한 회색이다.
　주로 큰 하천, 강가의 숲, 저수지 등의 낮은 지대에서 생활한다. 둥우리는 활엽수의 자연 구멍 속에 짓고 6 내지 9개의 알을 낳는다. 먹이로는 물고기를 즐겨 먹는다.
　우리나라에서는 서울의 한강, 속초의 청초호, 경포호수에서 적은 수를 볼 수 있다.

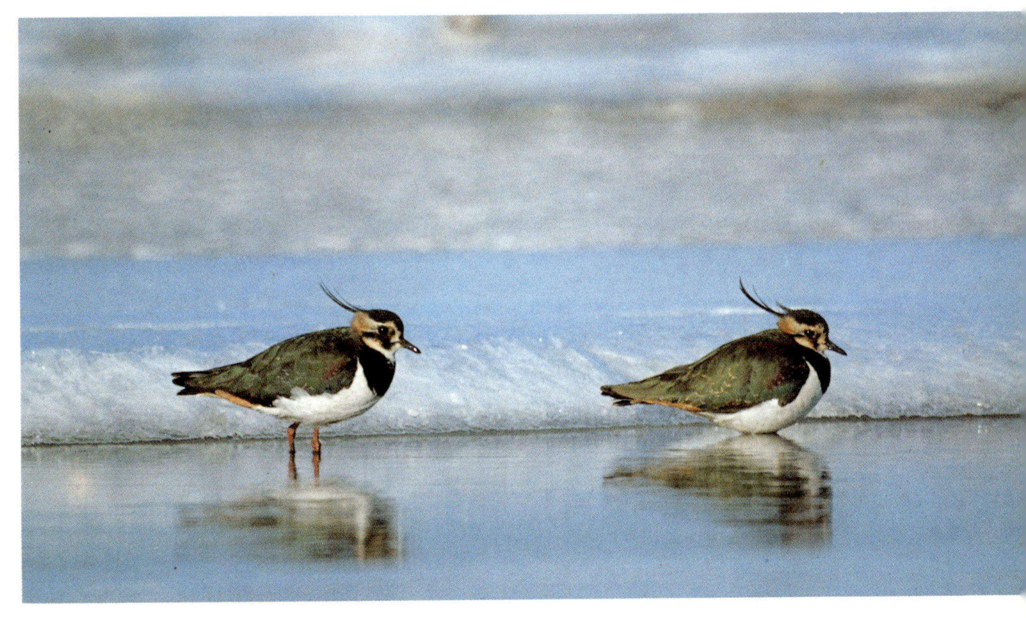

댕기물떼새　（영명） Lapwing　（학명） *Vanellus vanellus*　（LINNAEUS）
　물떼새과에 속하는 중형의 종으로 우리나라에는 10월 하순에 찾아와서 겨울을 지내
고 이듬해 3월에 번식지로 북상하는 겨울철새이다.
　몸 길이는 약 31.5센티미터이며 암수의 깃털이 거의 동일하다. 이마, 머리 꼭대기,
뒷머리는 녹색 광택이 있는 검은색이며 머리 꼭대기에 있는 댕기가 이 종의 특징이
다. 턱밑과 목 사이에는 검은 띠가 있고 가슴과 배는 흰색이다. 등은 광택이 있는
청록색이다. 부리는 검은색이며 다리는 갈색을 띤 살색이다. 몸 전체의 깃이 아름다
워 다른 종과 쉽게 구별할 수 있다.
　주로 강 하구, 해안의 개펄이나 모래밭에서 몇 십 마리가 무리를 지어 산다. 둥우리는
초지 위의 오목한 곳에다 짓고 4 내지 5개의 알을 낳는다. 먹이는 곤충류, 식물의
씨나 열매 등이다.
　우리나라에서는 추운 겨울에 낙동강 하구의 갈대밭, 경남 의창군의 주남 저수지,
속초 청초호의 양 다리, 제주도에서 볼 수 있다.

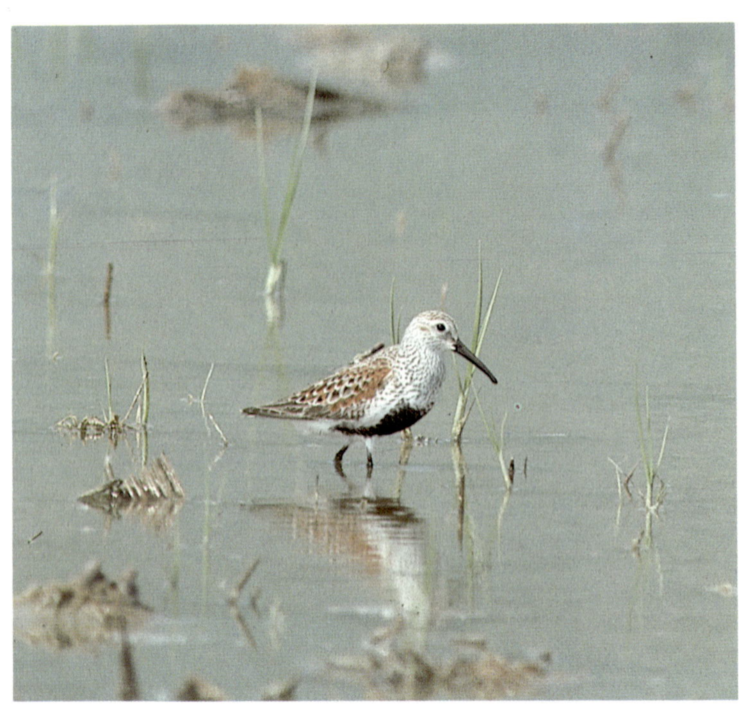

민물도요　(영명) Dunlin　(학명) *Calidris alpina sakhalina*　(VIEILLOT)

　도요과에 속하는 무리 가운데 우리나라에 가장 많이 찾아오는 종으로 남해안에서 월동을 하고 봄에 번식지로 가는 겨울철새이다.

　몸 길이는 약 21센티미터이며 여름과 겨울에 깃이 약간씩 다르다. 여름에는 머리 꼭대기에서 등까지 흑갈색이며 각 깃의 끝은 적갈색이다. 턱밑은 흰색이며 가슴과 배는 흰색으로 검은색의 얼룩 무늬가 있다. 부리와 다리는 검은색이다. 겨울에는 회갈색과 흰색으로 되어 있다.

　주로 강 하구, 해안의 개펄, 해안가의 썩은 물이 고인 곳, 저수지 등지에서 산다. 둥우리는 관목이나 풀뿌리의 오목한 곳에다 짓고 4개 정도의 알을 낳는다. 먹이로는 곤충류, 지렁이, 패류 등을 즐겨 먹는다.

　우리나라에서는 부산의 낙동강 하구에서 많은 수의 민물도요를 볼 수 있고, 기타 지역에서는 적은 수의 무리를 볼 수 있다.

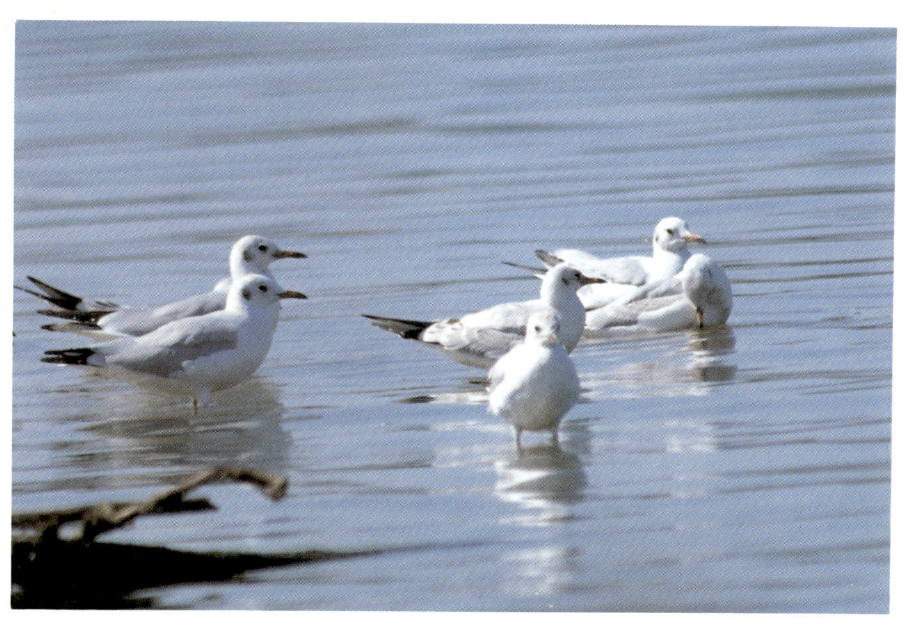

붉은부리갈매기　（영명） Black-headed Gull

（학명） *Larus ridibundus sibiricus* （BUTURLIN）

갈매기과에 속하는 중형의 종으로 우리나라에는 10월 초순에 찾아와서 겨울을 지내고 이듬해 3월에 번식지로 가는 겨울철새이다.

몸 길이는 약 40센티미터이며 암수의 깃털은 흰색으로 동일하다. 여름에 머리는 흑갈색이고 등은 흐린 푸른 회색이다. 날개의 끝은 검은색이며 그 밖에는 모두 흰색이다. 부리와 다리는 붉은색이다. 겨울에 머리 꼭대기와 뒷머리는 회색이며 나머지는 모두 흰색이다.

주로 바닷가보다는 항구 주변, 강 하구의 개펄에서 생활한다. 둥우리는 땅 위의 오목하게 파인 곳에다 짓고 3개 정도의 알을 낳는다. 먹이로는 어류, 곤충류를 먹는다.

우리나라의 서해안에서는 거의 볼 수 없으나, 겨울철에 남해안과 동해안에서는 흔히 볼 수 있다. 이 종은 부산시를 상징하는 새이기도 하다.

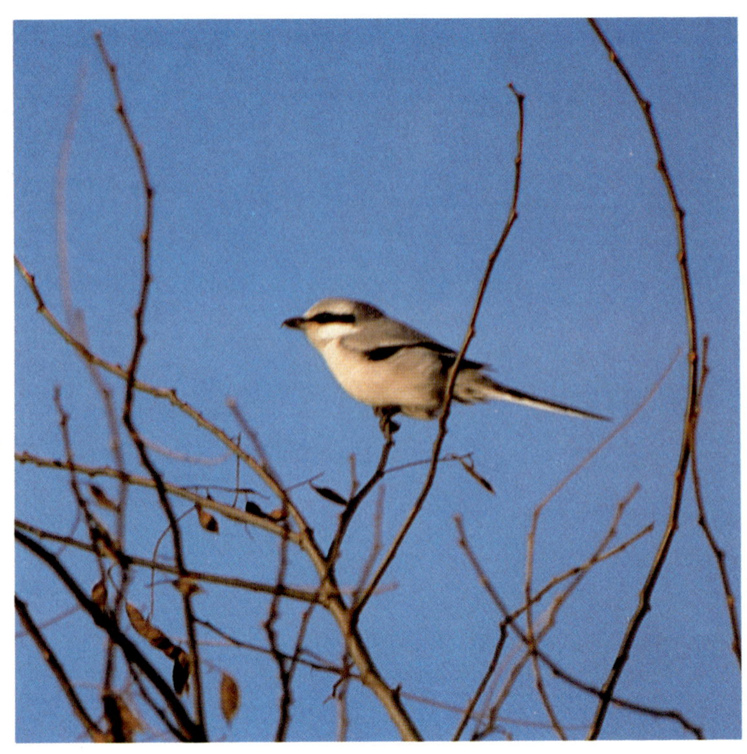

큰재개구마리　(영명) Northern Shrike
(학명) *Lanius excubitor bianchii*　(HARTERT)
때까치과에 속하는 종으로 우리나라에서 겨울을 지내고 봄에 번식지로 가는 매우
보기 드문 겨울철새이다.
몸 길이는 약 31센티미터이며 암수의 깃털은 약간 다르다. 수컷의 머리는 잿빛이며
암컷은 잿빛 갈색이다. 수컷의 턱밑, 가슴과 배는 흰색이며 암컷은 흰색에 가느다란
가로 띠가 여러 개 있다. 등은 잿빛이며 부리와 다리는 검은색이다.
주로 숲속에서 단독 또는 암수가 함께 생활한다. 둥우리는 교목이나 관목의 가지
위에다 밥그릇 모양으로 짓고 5 내지 7개의 알을 낳는다. 먹이로는 쥐, 참새, 개구
리, 도마뱀 등을 먹는다. 이 종은 교목과 관목의 꼭대기나 전선에 몸을 직립시켜 앉아
꼬리를 끊임없이 위아래로 움직이는 것이 특징이다.
우리나라의 경기도, 강원도 등지에서 드물게 볼 수 있다.

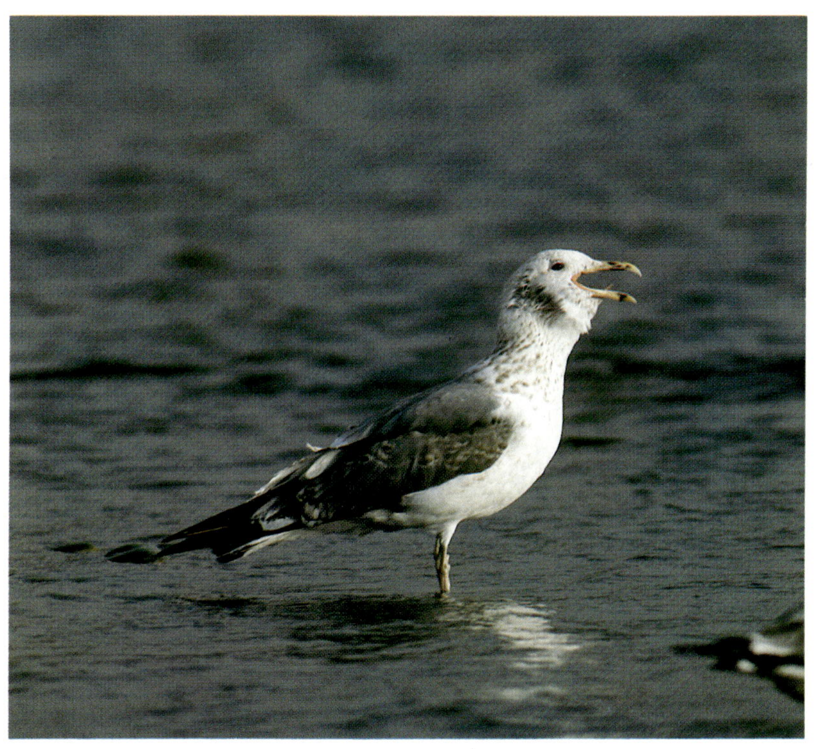

큰재갈매기 (영명) Slaty-backed Gull (학명) *Larus schistisagus* (STEJNEGER)
갈매기과에 속하는 큰 종으로 우리나라에는 10월부터 찾아오기 시작하여 이듬해
3월 초순에 번식지인 북녘 땅으로 가는 보기 드문 겨울철새이다.
몸 길이는 약 61센티미터로 재갈매기보다 크고 육중해 보인다. 머리는 흰색이며 목,
가슴, 배에는 흰색에 흐린 검은색의 반점이 있고 등은 옅은 회색이다. 부리는 상아색
으로 아랫부리의 끝은 붉은색을 띠고 있으며 다리는 살색이다.
주로 바닷가, 항구, 강 하구에서 살며 월동하는 갈매기 무리에 한두 마리가 섞여 있
다. 둥우리는 마른 풀과 해초를 이용하여 짓는데 3, 4개의 알을 낳는다. 먹이로는
어류의 내장, 성게, 소라류, 홍합류 등을 먹는다.
우리나라에서는 서해안보다 동해안이나 남해안에서 볼 수 있다.

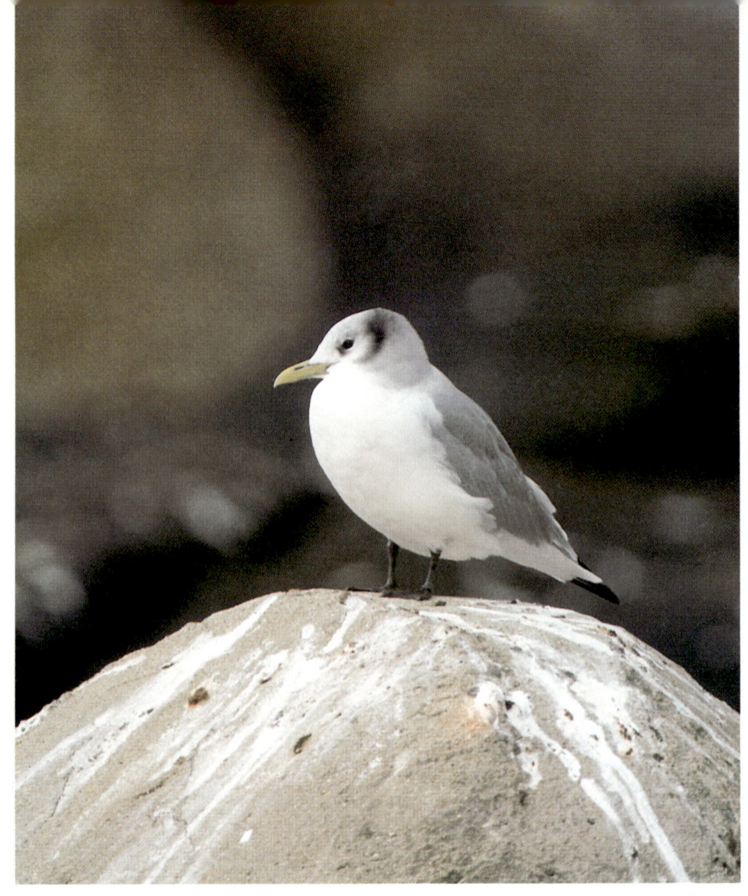

세가락갈매기 (영명) Black-legged Kittiwake
(학명) *Larus tridactylus pollicaris* (RIDGWAY)

갈매기과에 속하는 중형의 종으로 우리나라에는 11월부터 찾아오기 시작하여 이듬해 3월에 번식지로 떠나는 겨울철새이다.

몸 길이는 약 39센티미터로 검은머리갈매기보다 약간 크다. 암수의 깃털은 동일하다. 머리 꼭대기에는 검은색의 띠가 있고, 눈 앞에는 검은색의 반고리 모양의 무늬가 있다. 가슴과 배는 흰색이며 등은 흐린 회색이다. 부리는 황색이고 다리는 검다.

매년 같은 항구나 바닷가에서 무리를 지어 살며 더러는 괭이갈매기류나 붉은부리갈매기류에 섞여 있기도 하다. 둥우리는 마른 풀과 해초로 짓고 2개 정도의 알을 낳는다. 매년 같은 둥우리를 보수하여 이용한다. 먹이로는 어류를 먹는다.

우리나라에서는 휴전선이 가까운 동해안의 작은 어항에서 매년 20 내지 50마리를 볼 수 있다. 특히 명태가 많이 잡히는 항구 주변에서 흔히 관찰된다.

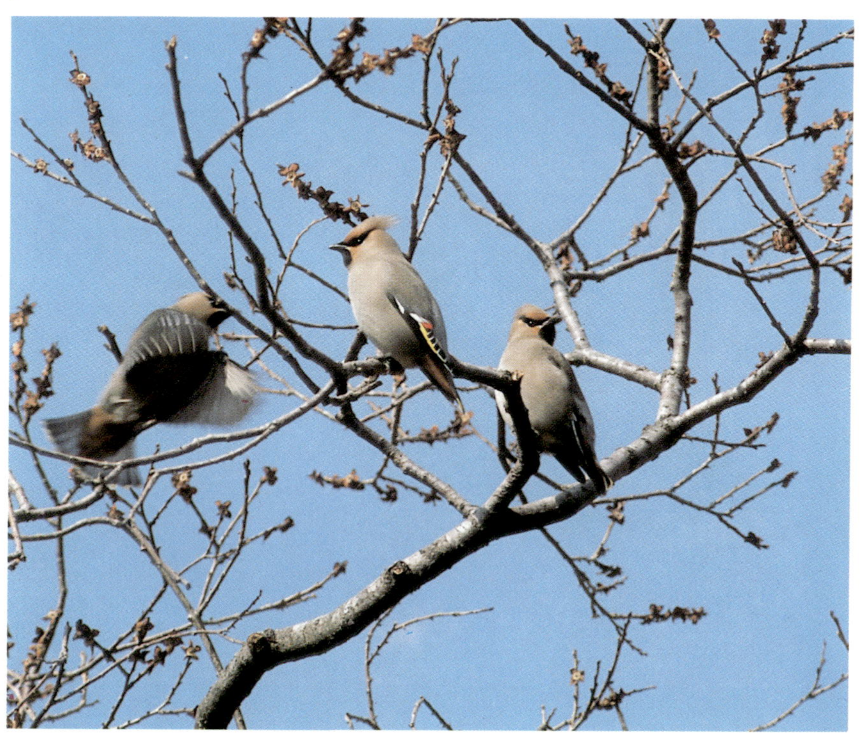

황여새　(영명) Bohemian Waxwing
(학명) *Bombycilla garrulus centralasiae*　(POLIAKOV)
여새과에 속하는 종으로 우리나라에는 12월 중순에 찾아와서 겨울을 지내고, 이듬해
봄에 번식지인 북녘 땅으로 가는 겨울철새이다.
몸 길이는 약 19.5센티미터이며 몸체가 둥글어 부드러운 느낌을 준다. 머리에는 황갈
색의 관이 있으며 눈과 부리 사이에는 붉은색이 약간 있다. 턱밑은 검은색이며 가슴
과 등은 황갈색으로 아랫등은 회색을 띤다. 배는 황색으로 중앙은 흐린 회색이다.
꼬리와 날개 끝은 노랑색을 띠며 작은 부리와 다리는 검은색이다.
주로 침엽수림이나 활엽수림에서 무리를 지어 산다. 둥우리는 높은 나뭇가지 위에다
이끼류로 짓고 4 내지 6개의 알을 낳는다. 먹이로는 나무의 열매나 씨앗을 먹는다.
특히 향나무의 씨앗과 장미과의 찔레나무 열매를 좋아한다.
우리나라에서는 도시의 공원, 학교 교정 등에서 20 내지 40마리 정도 볼 수 있으며,
경기도 강화의 해안가 야산에는 수백 마리의 무리도 볼 수 있다.

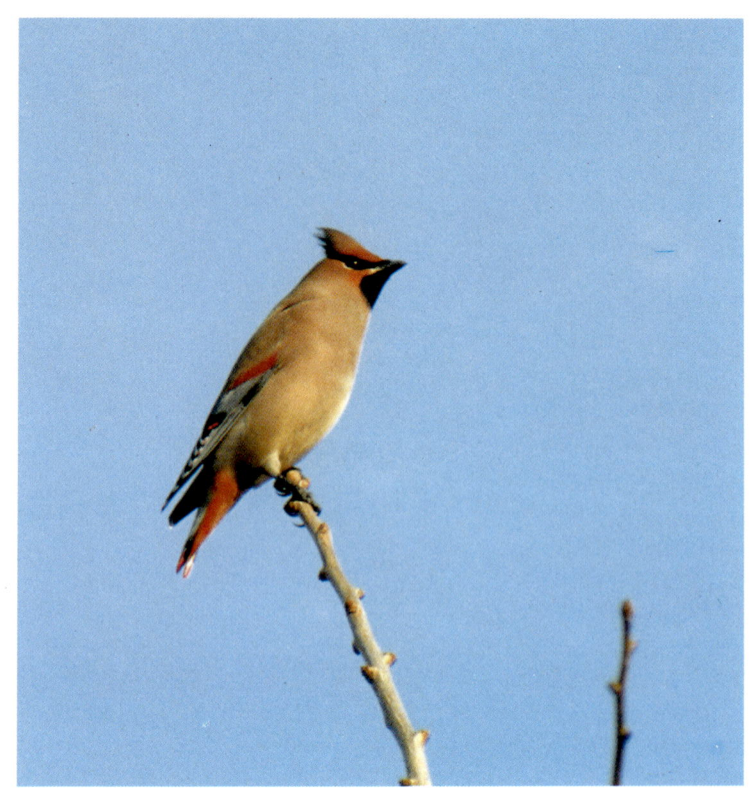

홍여새　(영명) Japanese Waxwing　(학명) *Bombycilla japonica*　(POLIAKOV)
여새과에 속하는 종으로 우리나라에서 겨울을 지내고, 봄에 번식지인 북녘 땅으로 가는 매우 보기 드문 겨울철새이다.
몸 길이는 약 17.5센티미터이며 황여새와 비슷하게 생겼다. 차이점은 황여새의 꼬리는 황색이고, 홍여새의 꼬리는 다홍색이라는 것이다.
주로 침엽수림이나 활엽수림에서 10 내지 40마리가 무리를 지어 산다. 둥우리는 높은 나뭇가지 위에다 이끼류로 짓고 4 내지 6개의 알을 낳는다. 먹이로는 식물의 열매와 잎을 즐겨 먹는다.
우리나라에 매우 드물게 찾아오는 희귀새로서 볼 수 있는 곳은 감나무, 향나무가 있는 교정이나 공원, 경기도 광릉, 안양의 골프장 등이다.

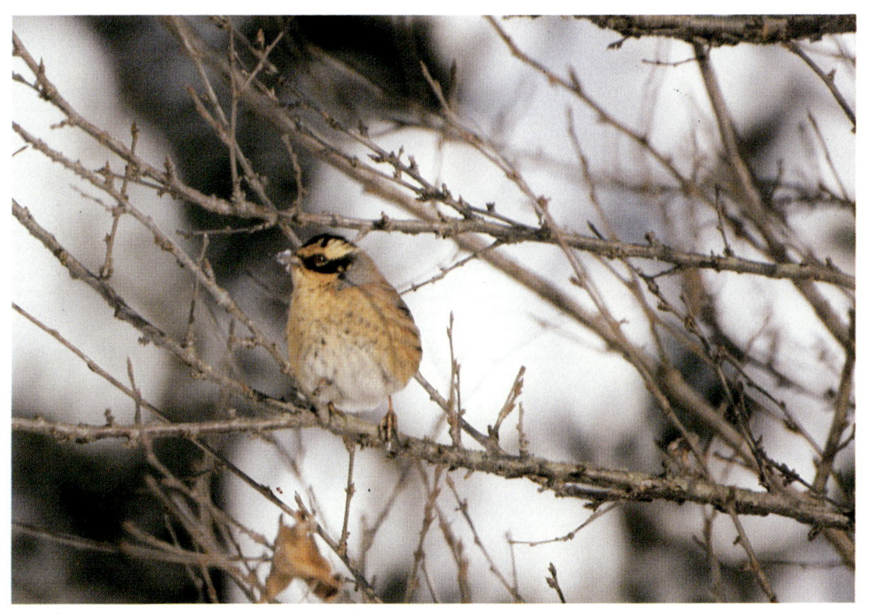

멧종다리　（영명）Siberian Accentor　（학명）*Prunella montanella badia*　（PORTENKO）

바위종다리과에 속하는 종으로 우리나라에는 11월 중순에 찾아와서 이듬해 2월 하순에 번식지인 북녘 땅으로 가는 겨울철새이다.

몸 길이는 약 14센티미터이며 암수의 깃털은 거의 동일하다. 머리 꼭대기는 검은색이며 눈 위의 선, 턱밑, 가슴, 배는 때묻은 노랑색이다. 등과 꼬리는 적갈색으로 양옆은 진한 회색을 띤다. 가는 부리는 검은색이고 다리는 살색이다.

주로 산림이 울창한 부근의 논과 밭, 개울가 근처의 야산 덤불에서 양진이, 긴꼬리홍양진이와 더불어 생활한다. 둥우리는 벌채한 나무 뿌리 위에다 짓고 4 내지 6개의 알을 낳는다. 먹이로는 식물성인 나무 열매나 곤충류 등을 먹는다.

우리나라에서는 중부 이북의 내륙 지방에서 흔히 볼 수 있다.

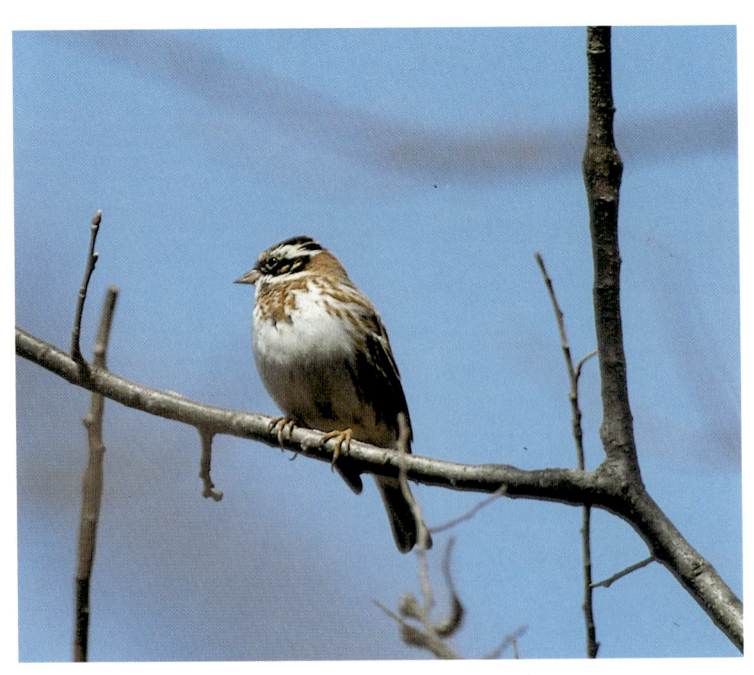

쑥새　（영명） Rustic Bunting　（학명） *Emberiza rustica latifascia*　（PORTENKO）

　멧새과에 속하는 가장 흔한 종으로 우리나라에는 10월 하순에 찾아와서 이듬해 3월 하순에 번식지로 가는 겨울철새이다.

　몸 길이는 약 15센티미터이며 암수의 깃털은 동일하다. 수컷 겨울 깃의 머리 꼭대기는 검은색이며 등, 날개, 꼬리는 흐린 밤색을 띤다. 턱밑에서 배까지는 흰색으로 옆구리에 밤색의 세로 무늬가 있고, 가슴과 배 사이에는 갈색의 선이 있다. 부리는 갈색이며 다리는 흐린 갈색이다.

　주로 야산 근처의 논과 밭, 특히 뽕나무밭에서 무리를 지어 산다. 둥우리는 나뭇가지나 땅 위에다 밥그릇 모양으로 짓고 4 내지 6개의 알을 낳는다. 여름철에는 곤충류를 먹고 겨울철에는 풀씨, 볍씨를 먹는다.

　우리나라의 섬 지방을 제외한 전국 어디에서나 많은 무리를 볼 수 있다.

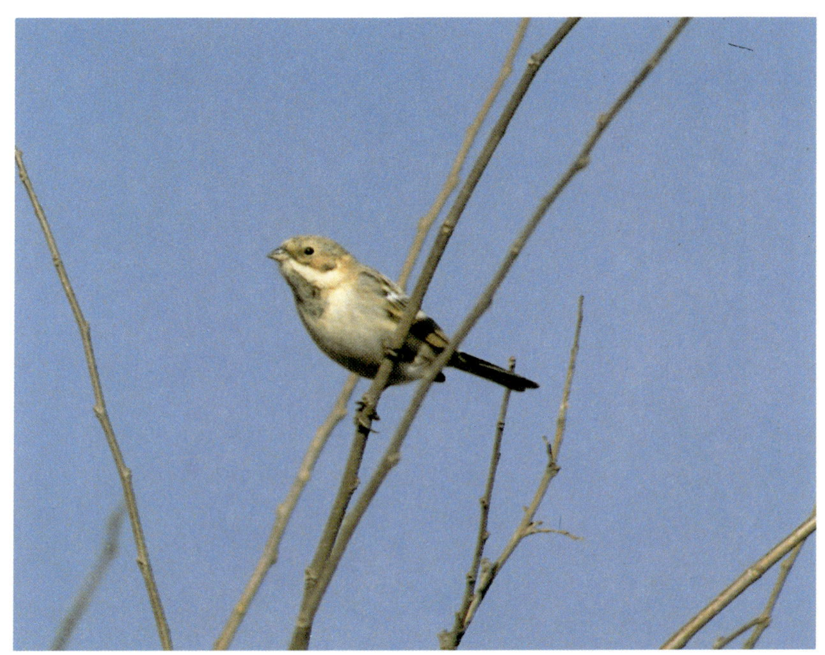

검은머리쑥새　（영명）Reed Bunting

（학명）*Emberiza schoeniclus pyrrhulina*　（SWINHOE）

멧새과에 속하는 종으로 우리나라에서 겨울을 지내고 이듬해 봄에 번식지로 날아가는 겨울철새이다.

몸 길이는 약 16센티미터이며 암수의 깃은 여름과 겨울에 약간씩 다르다. 수컷은 겨울에 머리 꼭대기, 등, 턱밑, 가슴은 검은색이지만 깃의 끝이 황갈색이므로 황갈색으로 보이며 암컷의 머리 꼭대기는 황갈색이다. 수컷의 뒷목은 흰색이나 깃의 끝은 잿빛 황갈색이며 배는 흐린 황갈색이다. 여름에는 온몸의 깃 가장자리가 없어지기 때문에 머리는 검은색이 되고 등의 검은색 반점이 노출되며 날개는 흰색을 띠는 황갈색이 된다.

주로 농경지, 강가의 잡목, 덤불, 잡초지 등에서 산다. 둥우리는 잡초의 뿌리에다 짓는데 4, 5개의 알을 낳는다. 먹이로는 잡초의 종자나 곤충류를 즐겨 먹는다.

우리나라의 서해안 갈대밭에서 볼 수 있다.

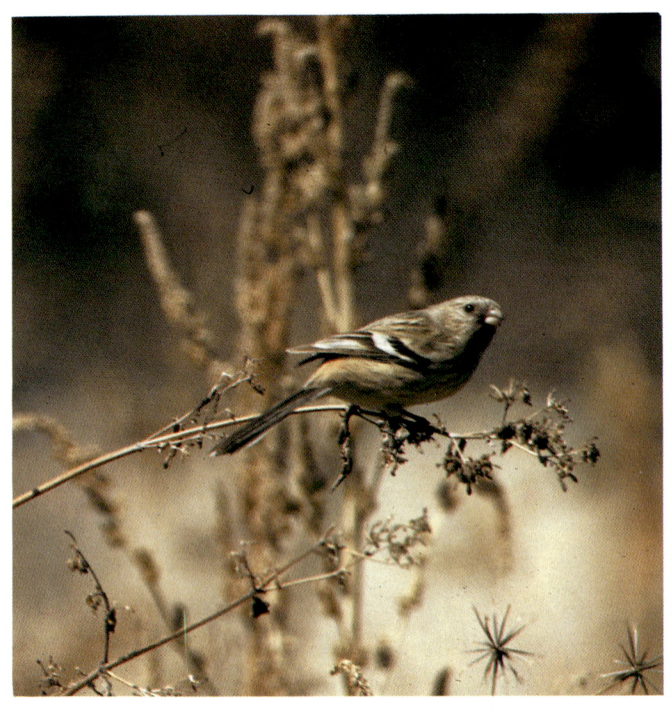

긴꼬리홍양진이　(영명) Long-tailed Rose Finch
(학명) *Uragus sibiricus ussuriensis*　(BUTURLIN)
되새과에 속하는 종으로 우리나라에는 11월 초순에 찾아와서 겨울을 지내고, 이듬해
3월 초순에 번식지인 북녘 땅으로 가는 겨울철새이다.
몸 길이는 약 15센티미터이며 암수의 깃털은 약간 다르다. 양진이 무리 가운데에서
비교적 날씬한 몸매를 가졌다. 수컷은 머리 꼭대기에서 등까지 붉은색으로 검은 반점
이 있고 암컷은 흐린 갈색으로 흑갈색의 반점이 있다. 수컷의 턱밑과 가슴은 붉은색
이며 암컷은 흐린 갈색으로 흑갈색의 반점이 있다. 배는 흰색이며 몸에 비해 긴 꼬리
는 검은색이다. 부리는 갈색이며 다리는 흐린 갈색이다.
주로 냇가, 경작지 주변, 구릉, 관목숲에서 산다. 둥우리는 평지의 관목림이나 강가의
버드나무 가지 위에다 짓는데 3, 4개의 알을 낳는다. 여름철의 먹이는 작은 곤충류이
고 겨울철에는 식물의 씨앗을 먹는다.
우리나라의 중부 내륙의 이북 지방에서 볼 수 있고, 더러는 중부 이남 지방에서도
눈에 띈다.

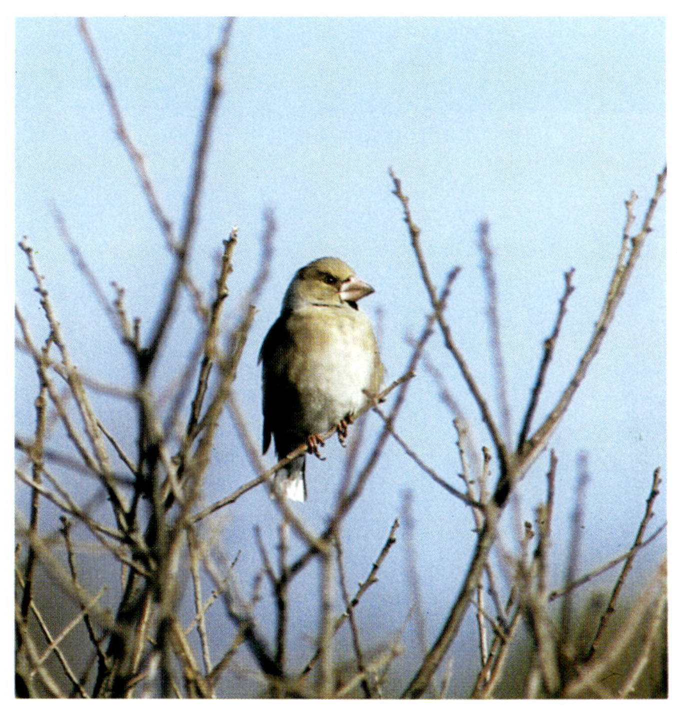

콩새　(영명) Hawfinch　(학명) *Coccothraustes coccothraustes coccothraustes*　(LINNAEUS)

되새과에 속하는 큰 종으로 우리나라에는 11월 초순에 찾아와서 겨울을 지내고, 이듬해 4월 초순에 번식지인 북녘 땅으로 가는 겨울철새이다.

몸 길이는 약 18센티미터로 몸체는 둥글며 암수의 깃털은 거의 동일하다. 수컷의 머리는 흐린 갈색이며 뒷목은 회색이다. 윗등은 진한 갈색이며 아랫등은 검은색이다. 턱밑과 가슴은 흐린 검은색이며 배는 흐린 갈색이다. 암컷은 수컷에 비해 흐린 색이다. 부리와 다리는 흐린 갈색이다.

주로 경작지 근처의 울창한 산림, 야산의 산림, 묘포장 등에서 적은 수가 산다. 둥우리는 높은 나뭇가지 위에다 짓고 3 내지 6개의 알을 낳는다. 먹이로는 식물성이 주가 되며 특히 식물의 열매나 묘포장의 잣을 즐겨 먹는다.

우리나라에서는 겨울철에 중부 내륙 지방에서 흔히 볼 수 있다.

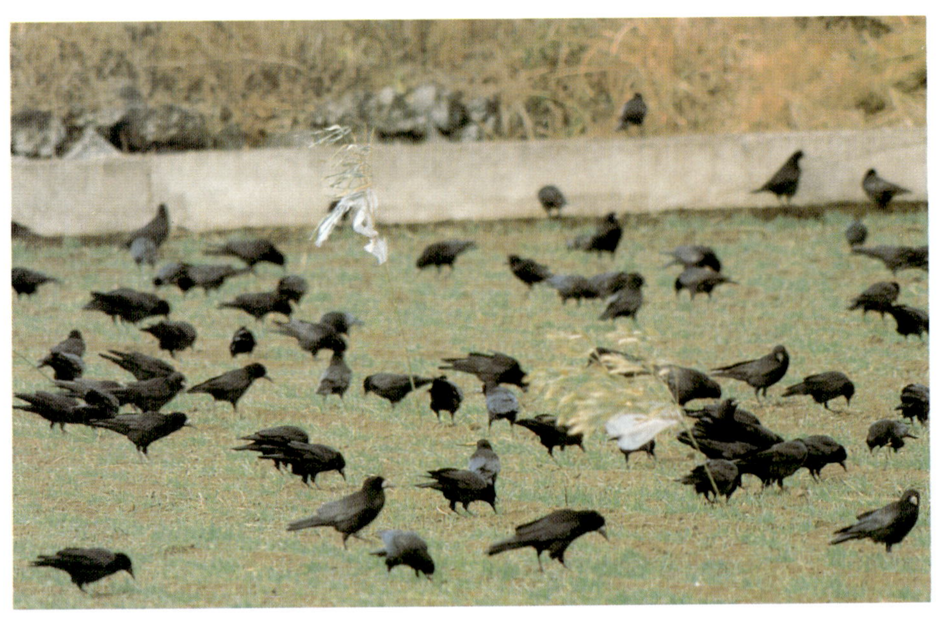

떼까마귀 (영명) Rook (학명) *Corvus frugilegus pastinator* (GOULD)

까마귀과에 속하는 종으로 초가을에 우리나라에 와서 이듬해인 3월 말에 북녘 땅으로 가는 겨울철새이다. 이들 무리는 경남, 제주도 등지에서 집단 생활을 한다.
몸 길이는 약 47센티미터이며 암수의 깃털은 동일하다. 겨울에는 몸 전체의 깃이 자색의 광택이 강한 검은색이다. 여름에는 마모에 의해 자색의 광택이 감소된다.
부리는 까마귀보다 더욱 가늘고 뾰족하며 검은색을 띤다. 다리도 검은색이다.
농경지 부근의 숲, 농촌의 인가와 시가지의 수목 등에서 산다. 둥우리는 교목 위에 많은 나뭇가지를 사용하여 짓고 3 내지 5개의 알을 낳는다. 때로는 지난해의 둥우리를 보수하여 사용하기도 한다. 먹이로는 동물성과 식물성을 혼식하며 조류의 알과 새끼, 작은 어류, 곤충류, 곡류 , 과실 등을 먹는다.
우리나라의 전역에서 흔히 볼 수 있다.

산림의 겨울철새

우리나라에 찾아오는 산림의 겨울철새는 그 수나 종류가 매우 적다. 울창한 산림, 높은 산보다는 인가와 먼 논밭이 있는 산림 근처와 절 등에 찾아온다. 대표적인 종으로는 멧종다리, 멋쟁이, 되새, 양진이, 솔잣새 등이 대부분이며 이 조류들도 깊은 산림보다는 계곡에 물이 있고 시야가 좋은 곳 등에서 볼 수 있다.

먹이는 대부분 찔레나무 등의 열매를 비롯하여 각종 마른 열매, 씨앗 등을 먹고 산다. 밤에는 높은 나뭇가지 사이에서 천적이나 찬 바람을 피해서 휴식과 잠자리를 취한다.

그러나 이 무리도 눈이 많이 오거나 날씨가 추워지면 먹이 부족 등으로 논밭이 있는 마을 근처까지 내려와 생활하며, 특히 암자나 절의 쓰레기장 등에 많이 찾아온다.

산림의 조류를 관찰하기 위해서는 산림 조류가 좋아하는 먹이를 주거나 볏짚단 등을 산림 근처의 경작지에 두면 찾아오기도 한다. 특히 음식 찌꺼기, 버리는 곡류, 쇠기름, 돼지 기름 등을 준비해서 먹이통을 만들어 주면 많은 종류의 겨울철새들이 찾아온다.

그러나 최근 많은 산새류가 우리 주위에서 점점 줄고 있다. 특히 멋쟁이, 솔잣새 등은 1960년부터 1970년까지만 해도 경기도 광릉의 산림에서는 흔히 볼 수 있었으나 지금은 거의 볼 수 없다. 이러한 새들이 줄어들고 있는 이유는 인구 팽창, 산업 개발, 공해 등으로 인해 삶의 터전을 점점 잃어가고 있기 때문이다.

경기도 광릉만 해도 최근에 도로 포장이 되자 많은 사람이 찾아오고 또 차량 소음과 매연 등으로 인해 산림의 겨울철새가 사라진지 오래이다. 광릉 지역뿐만 아니라 전국의 산림에도 마찬가지이다.

우리는 산림의 조류들이 매년 많이 찾아올 수 있는 환경을 만들어 주어야 될 것이다.

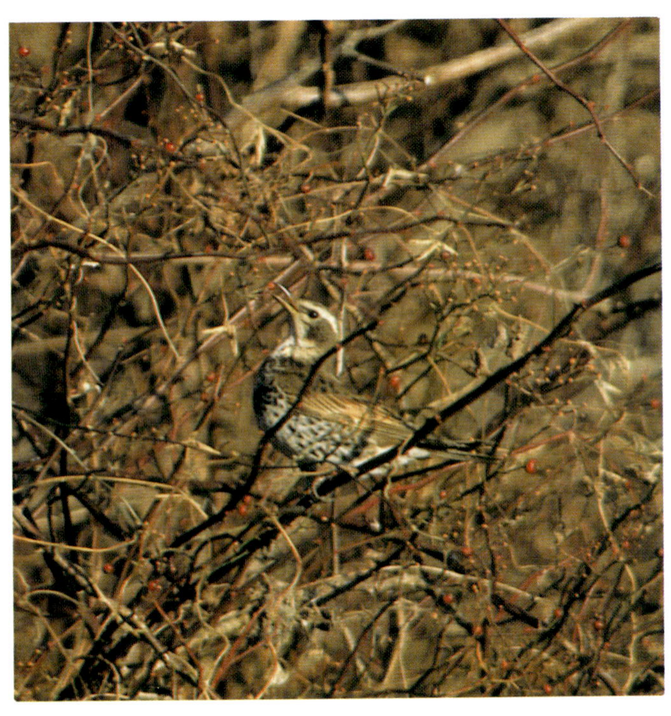

개똥지빠귀　(영명) Dusky Thrush　(학명) *Turdus naumanni eunomus*　(TEMMINCK)

딱새과에 속하는 큰 종으로 우리나라에는 10월 하순에 찾아와서 겨울을 지내고, 이듬해 4월 초순에 번식지인 북녘 땅으로 가는 대표적인 겨울철새이다.

몸 길이는 약 24센티미터이며 암수의 깃털은 약간 다르다. 수컷은 겨울에 머리 꼭대기부터 꼬리까지 진한 밤색으로 각 깃의 끝은 어두운 황갈색이다. 암컷은 주로 갈색이다. 수컷의 가슴과 옆구리는 흑갈색으로 각 깃의 끝은 흰색이며 암컷의 가슴은 갈색이며 옆구리는 붉은색이다. 배의 중앙은 흰색이고 부리는 어두운 갈색이며 다리는 갈색이다.

주로 울창한 산림, 야산의 덤불, 과수원, 공동 묘지에서 살며 4, 5개의 알을 낳는다. 먹이로는 곤충류, 식물의 종자와 열매를 즐겨 먹는다.

우리나라의 강가, 야산, 논밭 등의 작은 산림의 덤불에서 흔히 볼 수 있는 새이다.

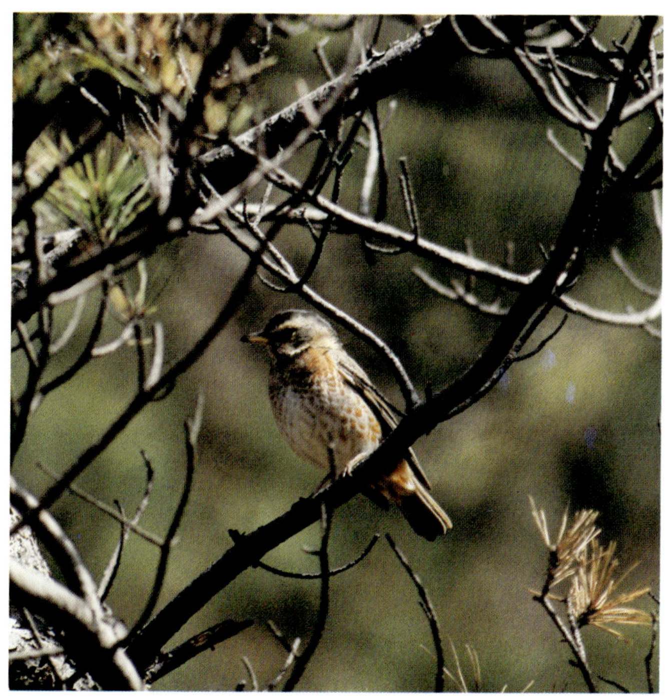

노랑지빠귀　(영명) Naumnn's Thrush
(학명) *Turdus naumanni naumanni*　(TEMMINCK)
딱새과에 속하는 종으로 우리나라에는 10월 하순에 찾아와서 겨울을 지내고, 이듬
해 4월 초순에 번식지인 북녘 땅으로 가는 대표적인 겨울철새이다.
몸 길이는 약 24센티미터이며 암수의 깃털은 거의 동일하다. 머리 꼭대기에서 등까지
는 갈색을 띠는 잿빛이며 턱밑부터 가슴까지는 노랑색으로 각 깃의 끝은 붉은색을
띤다. 배의 중앙은 흰색이다. 부리는 어두운 갈색이며 다리는 흐린 갈색이다. 가슴
깃의 색만 다르고 그 밖에는 개똥지빠귀와 같다.
일반적인 생태는 개똥지빠귀와 같다. 우리나라의 겨울철에 야산과 들판의 덤불 속에
서 볼 수 있으며 개똥지빠귀에 비해 노랑지빠귀를 많이 볼 수 있다.

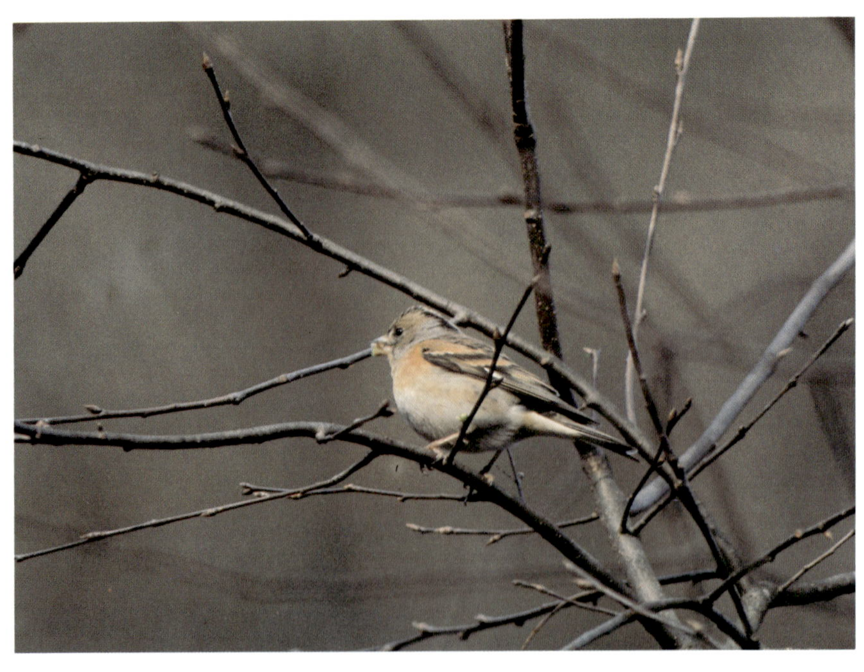

되새　（영명）Brambling　（학명）*Fringilla montifringilla*　（LINNAEUS）

되새과에 속하는 종으로 우리나라에서 겨울을 지내고 이듬해 봄에 번식지로 날아가는 겨울철새이다.

몸 길이는 약 16센티미터이며 암수의 깃털은 약간 다르다. 수컷의 머리 부분은 진한 검은색이고 등은 흐린 갈색을 띤다. 수컷의 가슴은 여우빛 갈색이고 암컷은 더욱 흐린 색이다. 수컷의 배는 흰색이며 암컷은 때묻은 흰색이다. 부리는 겨울에는 흙빛 황색이고 여름에는 검은색이다. 다리는 진하고 흐린 여러 가지 갈색이다.

주로 농경지, 구릉, 학교의 정원 등에서 산다. 둥우리는 나무 위의 가지에다 짓고 6, 7개의 알을 낳는다. 먹이로는 식물성인 쌀, 보리, 옥수수 등의 낟알을 먹으며 특히 소나무, 삼목의 종자를 즐겨 먹는다.

우리나라 내륙 지방의 산림이나 논과 밭 근처에서 흔히 볼 수 있다.

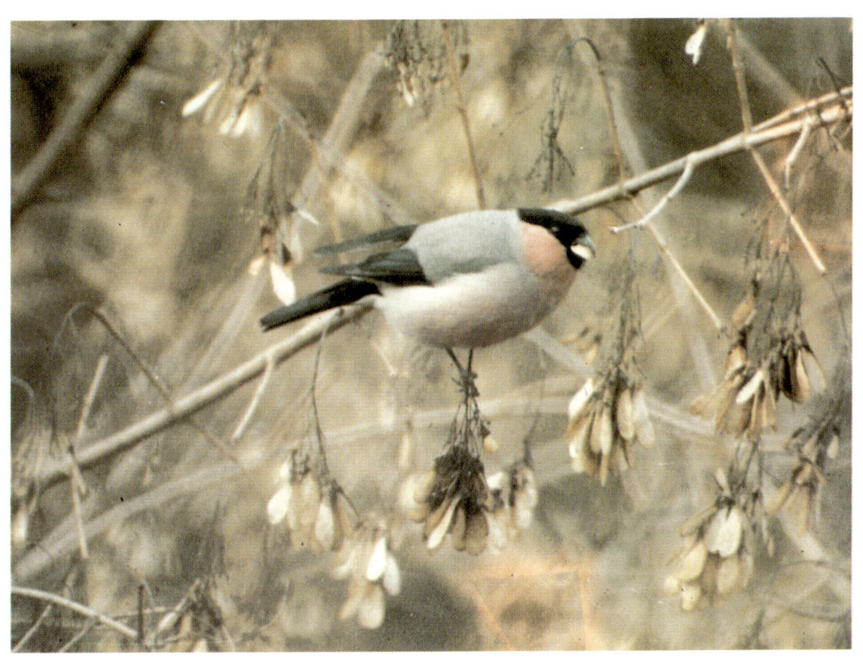

멋장이새 （영명）Bullfinch （학명）*Pyrrhula pyrrhula rosacea* （SEEBOHM）
　되새과에 속하는 종으로 우리나라에는 11월 초순에 찾아와서 겨울을 지내고, 이듬해
3월 하순에 번식지인 북녘 땅으로 가는 겨울철새이다. 겨울철새 가운데에서 다른
종에 비해 늦게 찾아온다.
　몸 길이는 약 15.5센티미터이며 암수의 깃털은 약간 다르다. 수컷의 머리와 턱밑은
검은색이며 뒷목과 등은 진한 회색이며 암컷은 다소 갈색을 띤다. 뺨, 가슴, 배는
붉은색이며 암컷은 흐린 회갈색이다. 꼬리, 부리는 검은색, 다리는 어두운 갈색이다.
주로 중부 산악 지방 근처의 개울가 또는 큰 덤불 근처에서 10여 마리가 무리를 지어
산다. 둥우리는 나뭇가지 사이에다 짓고 4 내지 6개의 알을 낳는다. 먹이는 주로 식물
성으로 특히 식물의 종자, 신나무의 열매를 즐겨 먹는다.
　우리나라의 중부 내륙 지방인 논과 밭 부근의 산림에서 드물게 볼 수 있다.

참고 문헌

원병오 「한국동식물도감」(조류편) 문교부, 1981.

원병오 「한국의 새」(천연기념물) 범양사, 1984.

高野伸二 「日本の野鳥」 山と溪谷社, 1987.

윤무부 「최신 한국조류명집」 아카데미서적, 1987.

윤무부 「한국의 새」(생태도감) 아카데미서적, 1987.

윤무부 「한국의 자연」(조류편) 강원도 교육위원회, 1988.

윤무부 「한국의 텃새」 대원사, 1990.

찾아 보기

빛깔있는 책들 301-6

한국의 철새

글	—윤무부
사진	—윤무부
발행인	—장세우
발행처	—주식회사 대원사
주간	—박찬중
편집	—김한주, 신현희, 조은정, 황인원
미술	—차장/김진락 윤용주, 이정은, 조옥례
전산사식	—김정숙, 육세림, 이규헌

첫판 1쇄 —1990년 10월 31일 발행
첫판 8쇄 —2003년 4월 30일 발행

주식회사 대원사
우편번호/140-901
서울 용산구 후암동 358-17
전화번호/(02) 757-6717~9
팩시밀리/(02) 775-8043
등록번호/제 3-191호
http://www.daewonsa.co.kr

이 책에 실린 글과 그림은, 저자와 주
식회사 대원사의 동의가 없이는 아무
도 이용하실 수 없습니다.

잘못된 책은 책방에서 바꿔 드립니다.

値 13,000원

Daewonsa Publishing Co., Ltd.
Printed in Korea(1990)

ISBN 89-369-0098-6 00490